国家自然科学基金资助项目(51374197,51474207)
国家重点基础研究发展计划(973 计划)资助项目(2015CB251603)
江苏省高校优势学科建设工程资助项目
煤炭资源与安全开采国家重点实验室开放研究基金项目
(SKLCRSM12X06)

厚煤层小煤柱沿空巷道失稳机理及强化控制技术

张　蓓　著

U0337642

中国矿业大学出版社

内 容 简 介

　　本书采用理论分析、数值计算和相似材料模拟相结合的研究方法，以采空区老顶侧向破断特征为切入点，研究上工作面和本工作面回采过程中老顶两次破断结构特征以及对沿空巷道围岩应力的扰动规律，认为煤柱上方应力分布受侧向老顶两次破断结构影响，并且在不同煤柱尺寸条件下其影响主导地位不同；研究本工作面老顶侧向破断形式与煤柱尺寸之间的关系，认为小煤柱时侧向老顶由"固支梁"破断变为"铰支梁"破断，破断岩块长度较大并在一定条件下发生二次破断，随煤柱尺寸增加，巷道围岩变形由煤体强度主导向采动应力主导转变，揭示沿空巷道围岩变形破坏机理，提出通过控制小煤柱和底板变形的围岩强化控制技术。

　　本书可供采矿技术人员、科研工作者及大专院校相关专业的师生阅读、参考。

图书在版编目（CIP）数据

　　厚煤层小煤柱沿空巷道失稳机理及强化控制技术/张蓓著.
—徐州：中国矿业大学出版社，2018.10
　　ISBN 978 - 7 - 5646 - 4087 - 3

　　Ⅰ．①厚… Ⅱ．①张… Ⅲ．①厚煤层采煤法－沿空巷
道－屈曲－安全控制技术 Ⅳ．①TD823.25

　　中国版本图书馆 CIP 数据核字（2018）第 184857 号

书　　名	厚煤层小煤柱沿空巷道失稳机理及强化控制技术
著　　者	张　蓓
责任编辑	于世连　郭　玉
出版发行	中国矿业大学出版社有限责任公司
	（江苏省徐州市解放南路　邮编221008）
营销热线	（0516）83885307　83884995
出版服务	（0516）83885767　83884920
网　　址	http://www.cumtp.com　E-mail：cumtpvip@cumtp.com
印　　刷	徐州中矿大印发科技有限公司
开　　本	787×1092　1/16　印张 8.75　字数 157 千字
版次印次	2018 年 10 月第 1 版　2018 年 10 月第 1 次印刷
定　　价	30.00 元

（图书出现印装质量问题，本社负责调换）

前　言

　　我国是世界上煤炭资源储量第二大的国家,煤炭资源已探明储量在 9 000 亿吨以上,已知含煤面积达 55 万多平方千米。同时,我国也是世界第一大煤炭生产与消费国,近年来我国原煤产量已由 2002 年 14.15 亿吨急剧增到 2011 年 35 亿吨左右,年平均煤炭产量增幅达到 14.73%。同时,我国厚煤层储量十分丰富,占已探明的煤炭储量的 45%,而厚煤层的产量占总产量的 40%～50%,厚煤层的合理开发对我国煤炭行业的发展有着重要的影响。综放开采技术以其低成本、低投入、高产出、高效率、高效益、安全可靠和系统简单等特点和储量技术优势逐渐取代了分层开采技术,成为我国厚煤层开采实现高产高效的主要技术途径。

　　综放开采时,一般沿煤层底板开掘工作面回采巷道,巷道顶板和两帮全部为煤体。护巷方法一般采用留设煤柱,即在上区段运输平巷和下区段回风平巷之间留设一定宽度的煤柱,使下区段平巷避开固定支承压力峰值区。由于煤体本身的强度较低,加上开采后,巷道与直接顶之间还有一层强度很低的破碎伪顶,而且帮部的煤层也变得破碎,造成了巷道掘进过程中易发生冒顶和帮部坍塌等事故。由于巷道所处的地层条件复杂多变,围岩性质千差万别,且多数巷道在服务年限内还要经受强烈的采动影响,所以,煤层巷道的掘进与维护存在着难度大、安全性差、成本高等问题。另外,随着开采深度的增加,护巷煤柱的尺寸变得越来越大。这些护巷煤柱一般不能回收,浪费了大量的煤炭资源,而且较大采深的残留护巷煤柱会导致岩层压力增加和应力集中,增加煤和瓦斯突出以及冲击地压发生的可能性,恶化煤柱下近距离煤层的采掘工作条件。从 20 世纪 50 年代开始，国内外开展了无煤柱护巷技术的试验研究，主要包括沿空留巷和沿空掘巷。沿空留巷在上区段工作面回采的同时构筑，受采空区岩层剧烈活动的影响，巷道顶底板及两帮变形剧烈，维护困难；而沿空掘巷是在上工作面采空区岩层活动基本终止、应力重新分布趋于稳定后掘进，巷道位于应力降低区，采用较小的煤柱和合理的支护技术保证巷道在掘进期间及掘进后围岩变形均较小，因此沿空掘巷的应力环境和维护条件均优于沿空留巷。

小煤柱沿空掘巷是综放工作面实现连续生产、快速接替、提高煤炭资源采出率的重要支撑技术，在我国矿井应用十分广泛。由于沿空掘巷位于采空区边缘，服务期间经受上工作面老顶侧向破断结构和本工作面采动影响，巷道围岩应力环境恶化，围岩稳定性受到破坏，严重困扰着沿空掘巷技术的现场应用。围绕沿空巷道围岩的控制难题，开展小煤柱沿空巷道覆岩结构活动特征与应力分布变化特征研究，高应力转移让压技术与帮部大变形控制技术研究，巷道断面强化控制技术研究，对于提高矿井安全开采水平，并为有效控制高地压与强动采动条件下的小煤柱沿空巷道围岩控制提供重要的理论基础，具有普遍的理论价值和广泛的实践指导意义。

本书是厚层放顶煤小煤柱沿空巷道采动影响段围岩变形机理与强化控制技术研究成果的总结。本书分为七章，包括绪论、上工作面老顶侧向破断对沿空掘巷应力环境影响、本工作面侧向老顶二次破断对采动影响段沿空巷道围岩应力扰动、采动影响巷道底板渐次破坏底鼓机理、采动影响区沿空巷道帮底稳定性控制原理及关键技术及综放小煤柱沿空掘巷支护工程实践。本书研究成果丰富了厚层综放工作面沿空巷道围岩稳定性控制理论与技术。

本书是吕临能化庞庞塔煤矿在厚层综放工作面小煤柱沿空巷道围岩稳定性控制方面的研究实践成果总结，感谢参与相关研究的有关科研人员所做的工作。在作者的研究过程中，得到了曹胜根教授、许兴亮副教授的指导和关怀,得到了田素川博士的帮助和积极合作。在现场研究工作中,感谢山西焦煤霍州煤电集团、吕临能化有限公司庞庞塔煤矿的有关领导和工程技术人员的支持和帮助,没有你们的密切协作,就没有本书的顺利出版。在此作者表示诚挚的感谢。

　　由于作者水平有限,书中疏漏和不足在所难免,敬请行业内专家和读者给予批评指正。

作　者

2018 年 9 月 1 日

目　录

第1章 绪 论

1.1 厚煤层综放沿空掘巷围岩控制研究现状

沿空掘巷分为三类[1-7]:完全沿空掘巷、留窄煤柱沿空掘巷、留 15～20 m 煤柱沿空掘巷。

完全沿空掘巷如图 1-1 所示。巷道掘进位置位于采空区边缘的煤体,巷道一帮为采空区碎落矸石。完全沿空掘巷处于侧向支承压力边缘的应力降低区中,巷道应力环境较好,但围岩属于破碎后的强度,掘巷引起的应力调整容易引起围岩的剧烈变形。

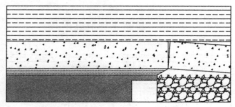

图 1-1 完全沿空掘巷

区别于传统的布置在煤体内的完全沿空掘巷、留小煤柱沿空掘巷,原位沿空掘巷布置在冒落煤(岩)体中,即在上区段回采巷道位置开掘下区段的回采巷道,如图 1-2 所示。原位沿空掘巷就其位置而言与沿空留巷一致,但避开了上区段工作面回采影响,变形只经历掘进影响期、变形稳定期和采放影响期三个阶段。

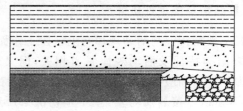

图 1-2 原位沿空掘巷

巷道掘进后,在高应力作用下,煤体强度急剧下降,引起煤柱帮向巷道内的剧烈位移;巷道实体煤帮在掘巷之前为承受高压的弹性区,掘巷之后,支承压力分布向内部转移,在煤体边缘形成新的破碎区、塑性区和弹性区,煤体破碎过程中实体煤帮变形同样距离;巷道两帮变形的同时,顶板下沉、底板膨起。若煤柱宽度的选择得当可使得巷道处于应力降低区中,巷道应力环境优化,煤柱帮变形较为稳定,实体煤帮具有一定的承载能力,其变形过程也较为缓和。因此,采用留窄煤柱沿空掘巷时(如图1-3所示),若煤柱尺寸选择不当,不仅在掘巷期间围岩明显变形,巷道掘进后,由于煤柱破坏后处于塑性蠕变状态,在较长的时间内围岩会出现较大的持续变形。因此合理选择煤柱的宽度是沿空掘巷的关键[8-12]。留15～20 m煤柱沿空掘巷如图1-4所示。

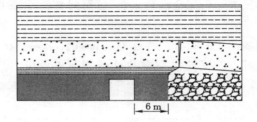

图1-3　留窄煤柱沿空掘巷

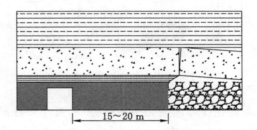

图1-4　留15～20 m煤柱沿空掘巷

1.1.1　沿空掘巷上覆结构及稳定性研究

沿空巷道上覆岩层破断特征与活动规律与上区段工作面和本区段工作面回采时上覆岩层的断裂结构特征及活动规律紧密相关,但又有自身的特点和规律[12-20]。鉴于围岩力学性质和应力环境,沿空巷道是一类特殊的回采巷道。因上区段工作面回采,采空区上覆岩层垮落,基本顶初次来压形成"O-X"破断,周期来压即基本顶周期破断后岩块沿工作面走向方向形成砌体梁结构,在工作面端头破断形成弧形三角块[21-23]，如图 1-5 所示。弧形三角块断裂回转下沉，其破断位置、运动状态及稳定性直接影响下方窄煤柱或充填体的应力和变形。理论研究和工程实践都表明受下区段工作面回采超前支承压力作用，弧形三角块结构的稳定性及运动状态发生了较大的改变，并通过直接顶作用于沿空巷道，弧形三角块结构的稳定性及运动状态对沿空巷道的稳定性有重要影响；因此，基本顶破断后形成的砌体梁结构构成了沿空巷道上部力学边界。

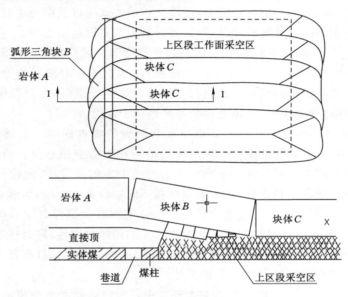

图 1-5 沿空巷道顶板弧形三角块结构

针对沿空巷道围岩结构和维护特点，国内外学者对沿空巷道上覆岩层稳定状态、沿工作面倾斜方向上覆岩层的活动规律开展了大量的研究。

朱德仁[24]提出长壁工作面端头顶板形成"三角形悬板"的观点，开始认识到沿空留巷的矿压显现规律与采场基本顶的关系较为密切。

陆士良[25-26]提出沿空留巷顶板下沉量取决于裂隙带岩层取得平衡之前的急剧沉降，沿空留巷的顶板下沉量属"给定变形"，与采厚呈正比例关系，一般为采厚的 10%～20%。

刘长友[27-29]通过对工作面及平巷矿压观测分析和相似模拟试验研究认为：随工作面回采推进，采空区侧煤体及上覆岩层依次垮落，形成"砌体梁"结构；侧向煤体压力峰值点与采放比有关，且随采放比增大峰值点远离，有利于留设窄煤柱；分析巷道上覆岩层结构特征，提出煤柱宽度 b 与侧向支承压力峰值点深入煤体的距离 x 有关，一般认为 b 小于 x 的一半是比较合理的，此时对巷道稳定有利。

何廷峻[30]研究了基本顶在工作面端头形成的三角形悬板对沿空巷道的危害,对悬顶破断结构进行了分析,预测了三角形悬顶在沿空留巷中破断的位置及时间,为确定滞后加固沿空巷道的时间和长度提供了理论依据。

孙恒虎[31]通过相似材料立体模拟实验研究揭示了沿空留巷围岩活动的前期和后期规律,提出了支护前期作用对控制顶板下沉的效果是显著的:前期支护应以顶为主,顶、让兼顾的支护原则,设计支护最大载荷以前期为主;后期支护应坚持以让为主,让、顶兼顾的原则,设计支护最大变形以后期为主。

王卫军[32]根据砌体梁理论,基本顶以给定变形方式作用于综放沿空巷道围岩,应用能量原理分析了巷道围岩的变形机理,建立了巷道顶煤的力学模型,运用变分法对基本顶给定变形下顶煤的变形进行了初步求解,并对顶煤下沉量与支护阻力、煤体弹性模量、巷道宽度的关系进行了探讨。

侯朝炯、李学华[33-34]针对综放沿空掘巷围岩的特点提出了上覆岩体“大小结构”的观点,将基本顶沿倾斜方向形成的结构作为沿空掘巷围岩的大结构,基本顶在工作面端头形成的弧三角形块视为巷道上方的关键块,定性分析了关键块在巷道不同阶段的稳定性,认为关键块在不同阶段是稳定的,为沿空掘巷创造了良好的外部力学环境;把巷道周围锚杆组合支护以及锚杆与围岩组成的锚固体作为小结构,认为小结构的稳定性取决于大结构的稳定性,同时还与窄煤柱的稳定性、锚杆支护对围岩强度的强化程度有关,阐述了提高锚杆预紧力和支护强度对保持围岩小结构稳定性的重要意义。

柏建彪[35]通过建立沿空掘巷基本顶弧形三角块结构的力学模型,分别对弧形三角块在掘巷前、掘巷后以及受采动影响时的结构稳定性进行力学分析,揭示基本顶弧形三角块结构稳定性原理及其对沿空掘巷的影响。

张东升[36-38]采用相似材料模拟和计算机数值模拟,对综放煤巷基本顶破断位置与形状、不同支护方式对顶板活动的影响、巷旁充填技术参数进行了研究,得到了采用锚(索)网联合支护有利于综放煤巷稳定的结论。

1.1.2　沿空采动巷道破坏机制研究

我国学者自20世纪50年代即开始研究采动巷道的破坏变形机制,取得显著成果。尤其是1980年以来,我国学者在采动巷道围岩控制理论和技术上不断取得重要进展。陆士良、侯朝炯、孙恒虎等通过力学模型和现场实测得出了与采空区相邻煤体内应力分布及影响范围。陆士良、丁烷、吴健[39-41]通过大量井下观测和实验,总结了沿空留巷全过程的巷道围岩移动规律。陆士良、孙恒虎、漆泰岳等[42-44]采用理论分析、数值模拟、现场实测的方法,分析了沿空留巷基本顶断裂规律及其对留巷围岩稳定性影响,充分研究了沿空留巷的破坏原理并形成了巷道围岩稳定控制技术。

靖洪文等[45]通过现场实测,探讨了受采动影响的深井底板岩巷围岩松动圈的变化规律,提出了动压巷道采动影响系数,为动压巷道松动圈的范围确定提供了依据。

王卫军等[46]应用损伤理论,分析了给定变形下沿空掘巷实体煤帮的支承压力分布,研究表明煤层和直接顶厚度较大时,支承压力相对较高,巷道维护较困难,底鼓容易发生;反之,巷道维护相对较好,不易产生底鼓。

林登阁[47]采用数值模拟和物理模拟对鲍店煤矿北翼跨采软岩巷道进行了分析,指出了动压是造成跨采软岩巷道破坏的主要原因,岩性差、裂隙发育是引起巷道采动期间剧烈变形的内因。

高明中等[48]采用数值模拟,对动压软岩巷道支护参数进行正交优化,并对试验结果进行回归分析,求得回归关系式,提出合理匹配锚杆、锚索等支护参数是联合支护的关键。

惠功领等[49]通过物理模拟,对不同支护形式下的围岩变形破坏与失稳全过程进行了研究,指出了巷道周边位移主要是由深部煤体碎胀所引起,主动支护更适用于围岩变形量较大的动压沿空巷道。

康红普、王卫军等[50]理论分析了底鼓的产生机理。康红普指出巷道底鼓发生的原因有底板岩层失稳,从而向巷道空间内发生弯曲(包括挠曲和压弯),底板岩体在应力偏量的作用下发生扩容以及岩体的遇水膨胀性质。他们认为底板为层状岩体情况下,受到两端围岩的水平挤压力而产生弯曲是底鼓发生的主要原因;底板岩体膨胀和扩容引发的底鼓程度主要取决于软岩自身的岩性及所处的应力状态;对于底鼓强烈的巷道,其由弹塑性引起的位移量只是底鼓量的很小一部分,巷道底板实际出现的底鼓量主要是因底板岩层弯曲产生的位移、岩体破坏后扩容产生的位移、底板岩体破坏部分因其弹塑性形变而产生的位移、岩体的自身膨胀位移以及底板中稳定岩体的位移之和。

李学华[51]通过数值计算,分析了顶板岩体性质对回采巷道的围岩应力状态、塑性区范围以及底鼓所产生的影响,从而提出了通过加强巷道顶板的支护以控制巷道底鼓量的设想。另外,他利用围岩应力再次分布的特点提出了通过应力转移的技术可以控制大断面硐室的底鼓,即可以在硐室的底板进行巷道开掘或在硐室的底角进行松动爆破,从而在硐室底板一定范围内形成应力弱化区的技术。

国外对采动巷道也开展了相关的研究[52-59]。W. J. Gale 和 R. L. Black-wood 采用一种边界积分的方法分析了矩形巷道的三维应力,其目的是确定工作面回采方向和原岩应力方向夹角的应力分布特性,同时考虑了围岩在此应力特性下的失稳情况。其研究表明,在横向应力起主导作用时,围岩的破坏受巷道掘进方向、几何尺寸的影响巨大。

E. Unal 等对受动压影响作用下回采巷道的矿压显现进行了全方位监测。其研究表明,围岩变形与受载区域、时间、上下方工作面的位置、支护类型和方式、以及动态和静态支护载荷有关,建立了由指数函数表示的围岩变形数学模型,为动压巷道变形的预测提供了依据。

J. Torano 等通过采动巷道矿压观测数据分析,得出岩体的非连续性对巷道最终表面收敛的影响巨大,结合观测结果,采用两种有限元模型分析对比研究了破碎岩体高应力条件下的支护和围岩相互作用关系,为采动巷道支护提供了参考。国内外其他学者也在动压巷道破坏机制及巷道围岩控制方面做了许多卓有成效的工作,这些研究丰富和发展了采动巷道围岩控制理论和方法,对沿空巷道围岩稳定性控制具有极大的借鉴意义。

针对巷道底鼓机理,美国专家学者做了大量的研究。K. Haramy 将底板层状岩体看成两端边界为固定支撑的岩梁,并用该模型进行了计算,进而对底板岩体的应力分布和稳定性进行了分析;Gysel M 利用相关的膨胀原理计算得出了圆形巷道的岩体膨胀位移及其膨胀应力,并且指出岩体遇水发生膨胀从而影响巷道周边岩体的变形。

德国 M. 奥顿哥特和布什曼 N. 分别通过大量的相似材料模拟试验,得出了巷道底鼓的发展过程及底鼓与巷道跨度的影响。M. 奥顿哥特通过巷道底鼓的相似模拟实验对巷道底鼓发生发展的全过程进行了研究之后,指出巷道底鼓过程中底板岩体发生破坏的顺序,首先是两帮岩体在顶板施加的支承压力下被压裂,由于缺乏了两帮的有效约束,巷道底板就会在水平应力挤压的作用下向巷道空间内鼓起,其中最先发生破坏的是底板的表面岩层。布什曼 N. 分析对比了大量相似模型实验,从而认为底板岩体发生破坏的最大深度和巷道跨度成相应的比例。布什曼 N. 研究了巷道跨度对底鼓的影响,为探究巷道底鼓产生的所有影响因素。

Afrouz 和 Chugh 等对底板承受荷载的能力进行了相关研究,并认为对巷道发生底鼓现象有影响的因素多达 21 个,其中有三个最主要的原因,即底板岩性较松软;巷道岩体中的高支承力;水对底板岩体的作用。Rockway D. J. 对发生底鼓而出现的现象的调查研究后指出巷道发生底鼓的主要因素在于至少 6 m 厚的直接底板的岩层性质。

由于处于采空区边缘松弛区的沿空巷道围岩支护结构很难承受本工作面采动期间剧烈破坏作用,难以实现自稳,应采取采动影响段的超前辅助加强措施。

由此形成了小煤柱矿压显现规律为依据的巷道组合锚杆支护、巷内辅助加强支架的沿空掘巷围岩整体支护原理。小煤柱沿空巷道变形破坏机理以及合理控制技术是制约矿井安全高产高效的关键一环。

1.1.3 综放沿空掘巷围岩控制机制研究

1.1.3.1 国外围岩控制理论

国外围岩控制理论主要成果综述如下：

（1）20 世纪初发展起来的古典地压理论，以海姆（A. Haim）、朗金（W. J. M. Rankine）和金尼克理论为代表，该理论提出：作用在支护结构上的压力是其上覆岩层的重量 γH。两种理论的不同之处是对侧压系数的定义：A. Haim 理论认为侧压系数为 1，W. J. M. Rankine 理论依据松散体理论认为侧压系数是 $\tan^2(45° - \varphi/2)$，而金尼克理论依据弹性理论认为侧压系数是 $\mu/(1-\mu)$，其中，H、γ、φ、μ 分别表示埋深、岩体的容重、内摩擦角和泊松比。由于当时地下工程埋藏深度不大及一些条件的限制，古典地压理论曾一度被认为是正确的。

（2）随着矿井开采深度的不断增加，人们逐渐发现在现场实践中古典压力理论在许多方面都与实际不符，于是提出了散体压力理论。该理论提出：随着地下工程埋藏深度不断增大，作用在支护结构上的压力不应该是上覆岩体的重量，而应该是围岩冒落拱内松动岩体的重量，而冒落拱的高度与地下工程跨度和围岩性质有关。其中具有代表性的有普氏冒落拱理论和太沙基冒落拱理论[84]。普氏冒落拱理论提出：在松散介质中开挖巷道后，其上方会形成一个抛物线形的自然平衡拱，该平衡拱曲线上方的地层出于自平衡状态，下方是潜在的破裂范围，支护的对象是平衡拱内的围岩，支护荷载只是冒落拱内的岩石重量。普氏理论的计算方法是建立在松散均质介质体的基础之上，并不适用于岩石，对于一些裂隙、层理比较发育的岩体，虽然勉强符合松散介质理论的基本假设，但在测定岩体的强度值 σ 和内摩擦角 φ 值时将会遇到较大的困难，因为岩体强度与岩块强度通常相差 3～8 倍，若简单地以岩块的 σ 值作为破裂岩体的 σ 值使用，将产生较大的误差。对于深部工程而言，随着原岩应力水平的提高，开巷后围岩将产生显著的变形压力，其值将远大于冒落拱内岩石重量。因此，巷道地压与埋深无关的结论与地下工程实践不完全相符，且普氏理论只考虑到松动地压，未能考虑变形压力，而后者往往是主要的，这是普氏理论不能在较深部岩石工程中应用的根本原因。但是由于这个方法比较简单，直到现在仍然在应用。太沙基松散介质理论的理论基础与普氏理论基本相同，只是认为冒落拱为矩形，也未考虑围岩的变形因素。因此，松散介质地压理论只适用于变形压力小的浅部松散底层。

（3）20 世纪 50 年代以来，随着岩石力学成为一门独立的科学。人们开始利用弹塑性力学理论解决巷道支护问题,其中最著名的是芬纳(R. Fenner)公式和卡斯特纳(Kastner)公式。一般来说,弹塑性支护理论是通过对"支护-围岩"共同作用系统的分析来揭示支护与围岩的共同作用原理。

(4) 20 世纪 60 年代,奥地利工程师 L. V. Rabcewicz 在现场实践和总结前人经验的基础上,提出了一种新的隧道设计施工方案,即新奥地利隧道施工法,简称"新奥法"[86-89],目前该方法已成为地下工程的主要设计施工方法之一。1980 年,奥地利土木工程学会地下空间分会把"新奥法"定义为:"在岩体或土体中设置的以使地下空间的周围岩体形成一个空筒状支撑环结构为目的的设计施工方法"。"新奥法"的核心是利用围岩的自承作用来支撑隧道,促使围岩本身变为支护结构的重要组成部分,使围岩与构筑的支护结构共同形成坚固的支承环。

(5) 20 世纪 70 年代,M. D. Salamon 等提出了能量支护理论。该理论提出:支护结构与围岩是一个整体,它们是相互作用、共同变形的。在变形过程中,围岩释放一部分能量,支护结构吸收一部分能量,但总的能量没变化。因而,利用支护结构能够自动释放多余能量的这一特点,使支架能够自动调整围岩释放的能量和支护体吸收的能量。

(6) 应力控制理论,也被称为围岩弱化法、卸压法等,该方法起源于苏联。其基本原理是通过一定的技术手段改变围岩某些部分的物理力学性质,人为降低支承压力区围岩的承载能力,改善围岩能量及内力分布,使支承压力向围岩深部转移,以此来提高围岩稳定性。

(7) 日本山地宏和樱井春辅提出的围岩支护应变控制理论。该理论提出:隧道围岩的应变随支护强度的增加而减小,而容许应变随支护强度的增加而增大。所以,通过增加支护强度,能较容易地将围岩应变控制在容许应变范围内。

(8) 20 世纪 90 年代,澳大利亚盖尔等人提出了最大水平应力理论。该理论的主要内容是:全球范围内原岩应力实测结果表明,最大主应力通常为水平方向。水平主应力有两个分量——最大水平主应力和最小水平主应力,两者通常相差 50%～100% 以上,有时相差数倍。当巷道走向与最大水平主应力方向平行时,控制巷道稳定性的不是最大主应力,而是最小水平主应力,这时巷道最易维护;如果巷道走向垂直于最大水平主应力,巷道最难维护。在采矿工程中,由于巷道受矿体位置的制约,不便于选择巷道的轴向,当条件允许时,应尽量按最大水平主应力方向予以调整。岩层强度和原岩应力是决定巷道围岩稳定性的两个主要因素,以往在评价围岩稳定性时,由于岩层自然状态特征的复杂性和地应力测试方面的困难,对岩体强度和地应力因素不能予以全面地考虑,支护设计只能依赖较低级别的围岩分类及工程类比。如今,在地应力测试和岩体强度测试方面都取得了一定进展,这使得人们在进行支护设计时,能够考虑岩体强度、地应力大小与方向等因素的影响。最大水平主应力理论就是在这种背景下,在澳大利亚、英国率先发展起来的,用于指导煤巷锚杆支护的设计与施工。该理论不但重视围岩强度的作用,更重视原岩应力大小及方向对围岩稳定性的影响,与传统观点相比,其科学性更进一步。

1.1.3.2 国内围岩控制理论

我国软岩巷道支护系统工作始于1958年,形成的主要支护理论有:

(1) 轴变论[60]。该理论由于学馥等人提出,该理论认为:巷道塌落后可自行稳定,可以用弹性理论进行分析。围岩破坏是由于应力超过岩体强度极限引起的,坍落改变巷道轴比,导致应力重分布,应力重分布的特点是高应力下降,低应力上升,并向无拉力和均匀分布发展,直到稳定而停止。应力均匀分布的轴比是巷道最稳定的轴比,其形状为椭圆形。

(2) 联合支护理论[61-80]。该理论由冯豫、陆家梁、郑雨天、朱效嘉等人提出,该理论是在"新奥法"的基础上发展起来的,可概括为:对于巷道支护,不能一味强调支护刚度,要先柔后刚,先抗后让,柔让适度,稳定支护。由此发展起来的支护形式有锚喷网、锚喷网架、锚带网架、锚带喷架等联合支护技术。

(3) 锚喷-弧板支护理论[81]。该理论由孙钧、郑雨天和朱效嘉等人提出,是对联合支护理论的发展,主要观点是:对软岩不能一直强调卸压,卸压到一定程度要快速提高支护强度限制围岩变形,即采用高标号、高强度钢筋混凝土弧板先柔后刚的刚性支护形式限制围岩向巷道空间位移。

(4) 松动圈理论[82-84]。该理论是由中国矿业大学董方庭教授提出的,主要内容可概括为:凡是坚硬围岩的裸巷,其围岩松动圈都接近于零,此时巷道围岩的弹塑性变形虽然存在,但并不需要支护。松动圈越大,收敛变形越大,支护难度就越大。因此,支护的目的在于,防止松动圈发展过程中的有害变形。

(5) 主次承载圈支护理论[85]。该理论由方祖烈提出,认为巷道开挖后,在围岩中形成拉压域。压缩域在围岩深部,体现了围岩的自承能力,是维护巷道稳定的主承载圈;张拉域形成于巷道周围,通过支护加固,也形成一定的承载力,但其与主承载区相比,只起辅助作用,故称为次承载区。主、次承载区的协调作用决定巷道的最终稳定。支护对象为张拉域,支护结构与支护参数要根据主、次承载区相互作用过程中呈现的动态特征来确定。支护强度原则上要求一次到位。

(6) 软岩工程支护力学理论[86-93]。该理论是何满潮运用工程地质学和现代大变形力学相结合的方法,通过分析软岩变形力学机制,提出的以转化复合型变形力学机制为核心的一种新的软岩巷道支护理论。

(7) 岩性转化理论[94-95]。该理论由陈宗基院士从大量工程实践中总结得出,认为:同样矿物成分、同样结构形态,在不同工程实践环境条件下,会产生不同应力应变、形成不同的本构结构。

1.1.4　沿空巷道支护研究现状

国内外巷道支护技术经历了从木支架向刚性金属支架、可缩性金属支架到锚杆支护的发展过程,其中 U 形钢可缩性支架和锚杆被公认为是井下支护技术的两次重大突破,目前已经形成了包括各种料石碹、混凝土碹、喷射混凝土、工字钢刚性支架、工字钢可缩性支架、U 形钢可缩性支架、锚杆、锚喷、锚梁网、桁架锚杆、锚索、锚注、高强度混凝土弧板支架等众多支护形式[96-107]。

（1）矿用工字钢梯形棚

矿用工字钢梯形棚支护形式简单、操作方便、取材简单、支护适应性强。但采用工字钢梯形棚支护时,由于支架与围岩接触不好,初期处于空松状态,围岩受约束力很小,随着煤体变形逐渐与支架接触,支架与围岩相互作用,煤体承载较低,造成支架载荷较大。由于沿空巷道围岩变形特征的特殊性,在掘进期间基本能满足巷道支护的要求,但工人劳动强度大,巷道推进缓慢,管理较为复杂;回采期间,由于基本顶回转变形较大,破坏后的煤体挤向巷道空间,棚腿变形急剧加大,巷道有效断面迅速减小,支架稳定性差,极易发生垮棚冒顶事故。由于支架产生变形严重,工字钢的复用率极低,造成支护成本加大。

（2）U 形棚

U 形棚解决了梯形工钢稳定性差、不能适应围岩的大变形的缺陷,适用范围较矿用工字钢梯形棚的大,但也有缺点:采用 U 形棚支护时,由于围岩的应力大、蠕变速度不均而使得支架构件局部承载,常常出现支架顶梁弯曲、棚腿扭折、卡缆崩裂等现象,使支架失去承载能力,折损比较严重,巷道维修工程量较大。随着矿井机械化程度的提高,采用 U 形棚支护的回采巷道不能满足机械化开采快速推进的要求,特别是沿空掘巷的支护问题更加突出,成为制约工作面高产高效的瓶颈。

（3）锚杆支护

锚杆支护属于主动支护,安装时及时施加预紧力,支护阻力随着围岩的变形不断增加,能够有效地提高围岩强度,防止围岩早期离层,从而保持围岩的稳定。锚杆支护与传统的棚式支护相比,具有显著的技术经济优越性,主要表现在:锚杆支护充分利用巷道围岩的自承能力将载荷体变为承载体,为主动支护,而一般棚式支护属被动支护;锚杆支护更有利于改善巷道的维护状况,保持巷道围岩的长期稳定,在相同生产地质条件下,锚杆支护的巷道围岩变形量通常要比棚式支护减少 50% 以上;锚杆支护还可以节约大量钢材,减少材料辅助运输和减轻工人劳动强度,有利于快速掘进;锚杆支护的巷道能适应大变形要求,在巷道服务期间,基本不需要维修就能保证巷道的正常使用;在使用机械化程度较高的回采工作面,锚杆支护巷道减少了棚式支护巷道的替棚工作量,有利于回采工作面的安全快速推进。随着锚杆支护理论和技术的发展,锚杆支护在沿空掘巷中的成功运用,为推动窄煤柱沿空掘巷的应用起到了重要作用。

陆士良[108]认为对于节理裂隙发育的软岩,采用注浆的方法可以改变其松散结构,提高黏结力和内摩擦角,提高围岩的整体性和强度系数,为锚杆提供可靠的着力基础,并提出了外锚内注式的支护方法。

侯朝炯等[109]提出了巷道锚杆支护围岩强度强化理论。他们认为:锚杆支护的实质是锚杆和锚固区域岩体相互作用,并形成统一的承载结构;锚杆支护可以提高锚固体强度破坏前、后的力学参数,改善锚固体的力学性能;锚杆作用可以提高围岩各种状态下的强度值,使巷道围岩强度得到强化。

煤炭科学研究总院北京开采所[110]认为锚杆加固对于提高围岩自身的最大承载能力没有明显的效果,但在围岩产生塑性破坏后,对提高围岩的残余强度及承载能力有显著作用。

全长锚固中性点理论[111-112]认为:在锚杆尾部,锚杆阻止围岩向壁面变形,剪力指向壁面;在锚杆头部,围岩阻止锚杆向壁面方向移动,剪力背向壁面。锚杆上剪力指向相悖的分界点称为中性点,该点处剪应力为零,轴向拉应力为最大,由中性点向锚杆两端剪应力逐渐增大,轴向拉应力逐渐减少。

康红普[113]提出高预应力、强力支护理论,巷道开挖后立即支护,并施加足够高的预应力,特别强调锚杆(索)预应力及其扩散对支护的作用,进一步深化了对锚杆作用机理的认识。

研究[114]表明:增大锚杆预紧力对于减小围岩变形、提高巷道围岩稳定性有重要作用:① 及时主动支护,促使围岩应力向三向应力状态转化,充分发挥围岩的自承能力,有效抑制巷道围岩塑性区、破裂区向深部发展。② 改善巷道顶板应力状态,消除顶板的拉伸破坏,减弱顶角的应力集中。③ 实现高阻让压支护,对外(深)部围岩起到支护作用。

煤炭科学研究总院[115-117]根据巷道围岩性质的三要素(围岩强度、围岩结构和围岩应力),结合现场经验,对锚杆(索)的支护作用进行了分析。

相关人员[118-123]在支护构件及其配件方面,如锚杆(索)杆体、尾部螺纹、托板、锚固剂、钢带、护表网、让压管等,进行了细化研究,得出了各个组件的受力状况和主要影响因素,对各组件的性能进行了优化,大大提高了整根锚杆(索)的工作性能。

1.2　目前研究存在的问题

大采出空间综放工作面沿空掘巷因较厚、性质较差的顶煤残余,其矿压显现规律不同于一般厚煤层综放工作面沿空掘巷矿压显现规律,相应的围岩变形破坏规律、煤柱传递压力特征及围岩控制机理方面的研究较少,仍沿用一般厚煤层沿空掘巷实践理论和经验往往得不到理想的效果。其主要存在以下几个方面问题。

(1) 顶板破断大结构形成及变化过程研究

理论分析和相似模拟作为推导覆岩活动规律的重要方法,在岩层控制和指导巷道支护施工中起着举足轻重的作用。传统沿空掘巷理论模型研究已经发展到了一个相当成熟的阶段,其主要影响因素分析和结构特征在诸多的工程实践中得到了较好的验证。但是,厚煤层综放工作面特征较大的采出量为顶板活动提供了丰富的活动空间,顶板运移破断后形成的稳定结构往往受更多的因素影响,稳定的过程也更加复杂。回采过程中,位于端头的5~10架支架上顶煤不放出,变相的大幅增加了留设煤柱的尺寸,残余的顶煤缓冲了顶板覆岩的运移,吸收覆岩变形破断产生的能量,形成"垫层效应",残余顶煤、下部采出空间、沿空巷道和留设的小煤柱形成了更为复杂的相互作用结构,对此缺乏较为系统深入的研究。

(2) 沿空掘巷小煤柱的稳定性

小煤柱的宽度和内部应力状态决定巷道围岩应力的大小与围岩完整性,确定合理的小煤柱宽度,提高煤柱的稳定性,是改善巷道应力环境,减小围岩变形的基础条件。传统沿空掘巷煤柱留设,其宽度往往大于其高度或两者相差不大,煤柱中心往往能形成稳定的承载结构,煤柱稳定性影响因素往往只取决于应力大小和煤体力学性质,尺寸效应影响较弱;若留设的煤柱高度远大于其宽度,形成垂直方向上的尺寸效应,煤柱的稳定性影响因素就会更加复杂。为了更全面和科学的指导综放工作面沿空掘巷围岩控制,需要对煤柱稳定性影响进行深入全面的分析。

(3) 不同支护结构对其演化影响

采空区侧向支承压力分布表明:一般在采空区侧向煤体0~12 m范围内垂直应力变化较大,从0变化到2.5倍左右的原岩应力,沿空掘巷正开挖在该范围内,巷道围岩应力状况相差较大,巷道掘进和本工作面超前支承压力的叠加作用,引起巷道围岩应力状态改变。根据岩石降压破碎过程的能量分析,在最大主应力减小过程中,岩体内变形能小于其储存能量的能力,岩体不发生破坏;当最大主应力超过岩石单轴抗压强度,在最小主应力降低过程中,由于岩体内的变形能超过其储存能量的能力,使岩体破坏。巷道掘进对顶板的影响是最大主应力减小,对两帮的影响是最小主应力减小,造成两帮尤其是窄煤柱较大范围的破坏,而对顶板影响相对较小。所以,沿空掘巷两帮相对移近量显著大于顶底板相对移近量,两帮相对移近量中窄煤柱的鼓出量大于实体煤帮鼓出量,国内外从应力状态改变来研究沿空掘巷围岩变形规律的研究较少。

1.3 主要研究内容

(1)上工作面采后基本顶侧向破断结构对沿空掘巷及本工作面回采应力环境的影响。

从采空区边缘侧向顶板三角拱结构入手,研究上工作面采动对侧向煤体内部侧向支承压力的影响范围,分析沿空掘巷位置附近应力环境扰动及煤体内裂隙的演化规律对沿空掘巷期间围岩变形的影响;从基本顶一次破断结构特征,分析本工作面开采时工作面长度范围内超前支承压力显现规律的不同。

(2)本工作面采后侧向基本顶二次破断对端头及超前段沿空巷道围岩应力及变形影响。

根据本工作面采后侧向顶板的破断特征,建立预破裂后二次破断力学模型,分析在不同宽度煤柱条件下的顶板运移范围、破断岩块长度、对本工作面端部支架承载的影响以及对端头超前段的影响范围及程度,分析沿空巷道变形特征及应力分布规律与煤柱尺寸的关系;通过研究煤柱顶部结构建立煤柱承载力学模型,从外部条件分析煤柱变形破坏的因素,从煤柱内部变形过程分析煤柱的工作状态及其影响因素,细致研究煤柱内部的位移规律,为煤柱帮的控制技术提供理论依据。

(3)采动影响剧烈段小煤柱沿空巷道底鼓机理及变形破坏特征。

针对影响剧烈段沿空巷道底板的不对称承载特性,分析巷道底板经历掘巷一本工作面采动影响的多阶段渐次破坏过程,结合岩石破坏理论分析不同垂直应力及煤体强度下底鼓的力学机理。

(4)采动影响剧烈段小煤柱沿空巷道围岩强化控制技术。

根据沿空巷道围岩变形破坏特征和支护原理,提出采动影响剧烈段小煤柱沿空巷道围岩的稳定性控制原理,尤其是变形较剧烈的帮底;针对小煤柱的位移特征提出基于中性面的全塑性小煤柱强化控制技术,而针对底鼓的形式特征提出限制底板剪切滑移、提高底板整体性的支护技术,并对强化控制原理进行分析,形成小煤柱沿空巷道围岩大变形强化控制技术。

第2章　上工作面基本顶侧向破断对沿空掘巷应力环境影响

2.1　上工作面侧向基本顶一次破断结构特征

2.1.1　厚层放顶煤工作面覆岩结构特征

综放开采与其他开采方式的区别主要体现综述如下。

（1）覆岩影响范围的差异

自切眼开始随工作面推进，覆岩发生运移，形成"拱结构"，拱的后端落在切眼外部的煤体上，前端落在工作面煤壁前方的应力升高区，上覆岩层的压力由两端共同承载。岩层内摩擦角、移动角及岩层组合物理力学性质的差异导致不同工作面的"拱结构"呈现不同的形状、大小差异。一般的回采工作面继续推进后，工作面距切眼煤壁的距离即该拱结构的跨度逐渐增加，受两端支撑点承载能力的限制，拱底软弱岩层破碎垮落，拱结构的顶部不断向上部岩层发展。拱前端的不断前移使拱高发展到一定程度后由于跨度过大，靠近煤层的坚硬岩层间出现离层而逐渐破断并接触下部破碎岩层支撑覆岩，拱的向上发展逐渐稳定，因底部需要填充的空间较小，覆岩影响范围一般不大。工作面推进一定距离后，覆岩运移由"拱结构"逐渐向"砌体铰接结构"演化，底部坚硬岩层成为控制工作面覆岩运移的关键。

而综放开采中，由于采出空间较大，拱底软弱岩层的破碎垮落往往不能完全充填采空区，下位坚硬岩层破断形成的块体铰接结构往往发生大角度回转触矸，破裂面咬合点受实体煤支撑，对煤体内的应力扰动更加剧烈。

（2）时间因素的差异

不管是一般回采工作面还是综放工作面，覆岩都要不断经历变形→失稳的过程，但综放工作面的基本顶运移稳定需要的时间更长。首先，综采放顶煤回采方法增加了一道放煤工序，从工作面一端到另一端花费时间较长，在此之前支架还需支撑顶煤。放煤后,上部岩层的结构平衡被打破开始寻找新的平衡,而下位坚硬岩层的破断结构并不能形成新的平衡,只有更高的顶板破断才能维系整个采场岩体的平衡。多层坚硬岩层的破断不仅使顶板受影响的范围增大,同时增加了覆岩稳定所需的时间。

（3）支护空间与矿压显现的差异

一般煤层回采工作面,液压支架顶部直接与煤层直接顶接触,直接顶与煤层的分界清楚。由于一次采出空间较小,直接顶垮落可以较好地填充采空区,因此其上覆岩层的破坏区域相对较小。基本顶的断裂岩块回转作用将通过直接顶作用于支架顶梁,从而导致支架增阻。综放回采的工作面,与液压支架顶梁直接接触的是性质远差于岩石直接顶的顶煤,且受顶部压力和反复支撑作用,顶煤裂隙发育丰富、整体性差。综放工作面超前支承压力分布规律表明,煤壁前方3～5 m一般为应力升高区,煤体压力较大容易出现片帮现象,导致支架顶梁前部荷载比后部荷载大。由于基本顶断裂回转初期的支撑点位煤壁,因而基本顶来压首先表现为煤壁的片帮现象。随着基本顶回转量的不断增大,支架增阻现象开始出现,但由于松散顶煤传力效果不明显,因此增阻效应通常并不明显。

（4）直接顶垮落特征的差异

回采工作面从开切眼开始向前推进,顶煤放出后,直接顶由于自承作用悬露,当悬露面积增大到一定程度,达到其极限跨距时初次垮落,这是直接顶在工作面推进方向上的垮落规律。在其厚度方向上,下位直接顶垮落后,破碎的岩体若足以填充下部空间,则上位直接顶不会继续垮落,而随着基本顶弯曲下沉逐渐压实破碎散体岩块;若不足以填充下部空间,则上位直接顶会在悬露面积达到一定程度后在重力和支撑压力双重作用下垮落,直至填充满空余空间。受采动影响,直接顶的运动变形始于煤壁前方。

综放工作面顶煤一般情况下不能完全放出,如图 2-1 所示。若取顶煤回收率为 n,则形成充满采空区所需直接顶厚度为:

$$\sum h + M = K_\mathrm{p}\left[\sum h + (1-n)M\right] \tag{2-1}$$

$$\sum h = M\left(\frac{nK_\mathrm{p}}{K_\mathrm{p}-1} - 1\right) \tag{2-2}$$

式中　$\sum h$——直接顶厚度,m;

M——煤层厚度,m;

K_p——岩石碎胀系数。

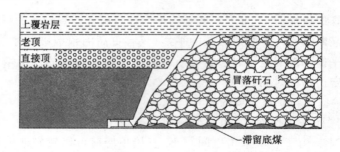

图 2-1　综放工作面采空区充填特征

2.1.2　综放工作面侧向铰接结构

上工作面回采后,煤层覆岩依次发生弯曲破断。采空区边缘与下工作面实体煤相接,岩层破断垮落受实体煤支撑作用,采空区上方基本顶断裂后,剩余部分悬露长度不足以自主垮落,形成悬臂梁结构。随岩层活动加剧,基本顶岩层破断发生在实体煤上方,破断后的岩块一端在煤壁内部与未变形基本顶接触,断裂面为基本顶岩层的断裂边界;另一端发生回转变形在采空区触矸,并与前步垮落水平岩块咬合接触(图 2-2)。

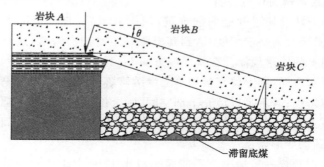

图 2-2　采空区边缘基本顶破断结构

岩块 B 断裂后回转,前端与岩块 A 铰接,后端与岩块 C 铰接,形成"三铰拱"结构。岩块 B 在对铰接结构稳定性和工作面侧向支承压力分布起主导作用,称为关键块,并服从 S-R 稳定性原理。关键块 B 的稳定性由下方实体煤和直接顶的支撑力、岩体 A 和岩块 C 的水平推力共同作用,而在煤壁内的断裂位置和长度取决于上方岩层载荷大小、下方煤体和直接顶的厚度和岩性及自身的力学性质。

岩块 B 发生悬臂梁式断裂,断裂长度一定,而断裂块体采空区端的下沉量

较大,则岩块 B 的旋转角度 θ 相比普通煤层更大,而岩块 A、B 之间的咬合水平
推力为

$$T_{AB} = \frac{qL^2}{h - L\sin\theta} \tag{2-3}$$

式中 T_{AB}——岩块 A、B 之间的咬合水平推力,N;

      h——基本顶厚度,m;

      L——基本顶的极限断裂长度,m;

      q——上覆岩层载荷,MPa;

      θ——岩块 B 的旋转角度,(°)。

在上覆岩层压力 q 和基本顶厚度 h 不变的情况下,θ 越大,两块体之间的水
平推力就越大,对侧向煤体产生的应力扰动影响的范围和程度较大。

2.2 基本顶一次破断结构对煤体应力扰动分析

上工作面采后侧向基本顶破断过程中,对边缘煤体内部垂直应力的演化是
一个动态过程,如图 2-3 所示。

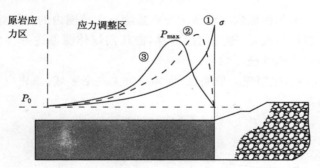

图 2-3 边缘煤体垂直应力演化过程

工作面刚刚推过,上部岩层的运移处于开启阶段,应力平衡的重新分布还未
超过煤体的弹性极限,煤体边缘均处于弹性状态(曲线①),塑性区的发育还未展
开。工作面推过不久,上部岩层的运移逐渐剧烈,边缘煤体中出现较高且不断变
化的重分布应力,超过了煤体的极限强度,煤体从边缘至内部一定范围内逐步进
入塑性变形阶段(曲线②),塑性区与弹性区的边界随时间逐渐向煤体内部移动。
此时,塑性区内裂隙逐渐发育,表面变形增大。应力的重新分布找到新的平衡标
志着上部岩层的运移进入了稳定阶段(曲线③),侧向煤体边缘形成稳定的基本
顶结构,无外界扰动影响时煤体的应力分布不再变化,塑性区不再发展,煤体变

形基本稳定。

根据极限平衡理论,得到侧向支承压力峰值点的大小为:

$$P_{\max} = KP_0 \tag{2-4}$$

式中 K——应力集中系数;

P_0——原岩应力,MPa。

应力集中系数 K 为:

$$K = -0.841 + 3.275 \times 10^{-3}H + 0.455M - 0.013L_f + 0.084D - 0.02\delta \tag{2-5}$$

式中 γ——上覆岩层的平均容重,kN/m³;

H——煤层埋深,m;

M——煤层厚度,m;

L_f——采空区沿倾斜条带宽度,m;

δ——煤层倾角,(°);

D——顶板岩石的弹性模量与煤层弹性模量之比。

原岩应力 P_0 为:

$$P_0 = \gamma H \tag{2-6}$$

工作面回采引起的侧向支承压力使得边缘一定范围内的煤体处于弹性状态直至超过强度极限而破坏,随时间的推移,破坏向煤体深部进一步的转移,煤体将由弹性状态进入塑性破坏状态。

如图 2-4 所示,按照应力值高低,煤体可分为三个区域:原岩应力区,应力降低区和应力增高区。

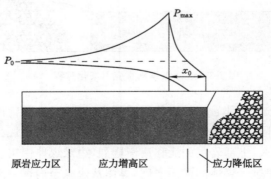

图 2-4 工作面侧向支承压力分布

峰值点距煤壁的距离 x_0 为:

$$x_0 = \frac{M\lambda}{2\tan\varphi}\ln\left|\frac{P_{\max} + \dfrac{C}{\tan\varphi}}{\dfrac{C}{\tan\varphi} + \dfrac{P_1}{\lambda}}\right| \tag{2-7}$$

侧压系数 λ 为：

$$\lambda = \frac{\mu}{1-\mu} \tag{2-8}$$

式中　μ——泊松比；

　　　φ——煤体内摩擦角，(°)；

　　　C——煤体黏结力，MPa；

　　　P_1——支架对煤帮的支护阻力，MPa。

2.3　受基本顶一次破断结构影响煤体应力演化规律数值分析

为掌握综放工作面回采过程中上工作面基本顶一次破断对侧向煤体内部应力平衡的影响以及掘巷、本工作面回采过程中沿空巷道围岩的应力与变形规律，为确定合理的煤柱尺寸和支护强度提供依据，除现场矿压观测外，运用数值计算的方法是一种必要的辅助手段，可以起到重要的理论指导意义。为全方位监测围岩的应力及位移演化特征，研究中采用岩土领域应用较为成熟的三维数值模拟软件 FLAC3D 软件进行计算和分析。

2.3.1　FLAC3D 简介

FLAC3D 是由 Itasca Consulting Group Inc. 公司研发推出的连续介质力学分析软件，是该公司最著名的软件系统之一。FLAC3D 专为岩土工程力学而分析开发，内置丰富的弹塑性材料本构模型，有 12 种之多，分别为：各向同性弹性材料模型、莫尔-库仑弹塑性材料模型、横观各向同性弹性材料模型、应变软化/硬化塑性材料模型、遍布节理材料模型、双屈服塑性材料模型、空单元模型等本构模型；有静力、动力、蠕变、渗流、温度 5 种计算模式，各种模式间可以相互耦合，以模拟各种复杂的工程力学行为，如可以模拟地下巷道的开挖和煤层开采。

程序还设有界面单元，用来模拟煤岩体中断层、节理和摩擦边界的滑动、张开和闭合行为。梁单元、桩单元、壳单元、锚单元可模拟岩土边坡工程或者采矿工程中衬砌、锚杆、可缩性支架等支护结构与围岩的相互作用关系，使支护单元与围岩的耦合关系直观的体现在后处理图上。另外，还可在 FLAC3D 中还可以根据自己的特殊需要,进行一些本构模型的二次开发,开发的模型基本上可以分为两类:一是国内广泛应用而 FLAC3D 中并未提供的模型,如南京水科院的弹塑性模型;二是新近开发的模型,主要是将自己开发的材料本构模型进行自编程来应用这些本构模型,完成二次开发的应用。

2.3.2　数值模型建立

考虑计算机模拟速度及结果的精度,适当加密靠近开采煤层顶板、底板处的岩层网格,远离开采煤层部分岩层则相应变稀疏,所以共划分 296 300 个单元,313 977个节点,如图 2-5 所示。

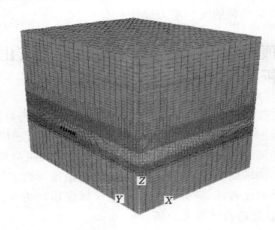

图 2-5　三维数值模型

（1）几何尺寸及位置关系

以庞庞塔煤矿 704 工作面为工程地质背景,其工作面、煤柱与沿空巷道的位置关系如图 2-6 所示。

① 上工作面回采范围为 100 m×160 m,因此 $X \in [0,160]$、$Y \in [0,100]$、$Z \in [50.5,62.3]$。

② 煤柱宽度为 10 m,因此 $Y \in [100,110]$。

③ 沿空巷道跨度为 5 m,因此 $Y \in [110,115]$。

④ 本工作面回采范围为 90 m×160 m,因此 $X \in [0,160]$、$Y \in [110,200]$、$Z \in [50.5,62.3]$,其中包括沿空巷道顶煤。

（2）边界条件

① 位移边界:约束边间上的法向位移,$X = 0$、$X = 160$、$Y = 0$、$Y = 200$ 和 $Z = 0$。

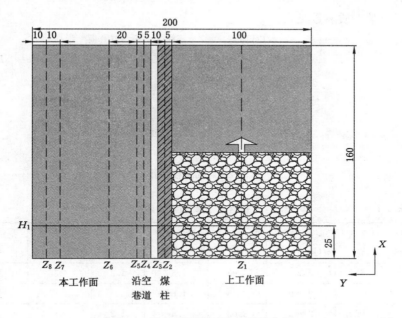

图 2-6　巷道位置关系及监测线布置

② 应力边界:考虑到计算速度,模型包含的顶底板岩层范围有限,上部代替以应力边界,施加 7.5 MPa 的等效载荷,相当埋深 300 m。

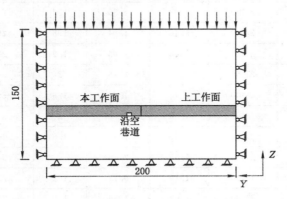

图 2-7　数值模型边界条件

模型中煤层高度为 11.8 m,回采高度与巷道高度均为 3.5 m,顶煤厚度为 8.3 m,如图 2-8 所示。

（3）岩层力学参数

根据庞庞塔煤矿 704 工作面煤层赋存条件和现场提供的资料,选取计算中的岩石力学性质参数见表 2-1。

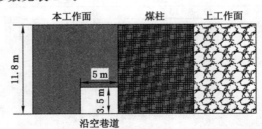

图 2-8　局部模型图

表 2-1　　　　　　　　　　　　各岩层主要力学参数

岩层名称	厚度 h/m	密度 $\rho/(\text{kg} \cdot \text{m}^{-3})$	体积模量 K/GPa	剪切模量 G/GPa	黏聚力 C/MPa	内摩擦角 $\varphi/(°)$	抗拉强度 σ_t/MPa
泥岩	5.7	2 200	3.03	1.56	1.2	27	1
粉砂岩	4	2 700	2.68	1.84	2	32	2
砂质泥岩	16.6	2 200	3.03	1.56	1.2	27	1
5#煤	1.9	1 400	1.19	0.37	0.8	23	0.5
泥岩	1.3	2 200	3.03	1.56	1.2	27	1
5#煤	3	1 400	1.19	0.37	0.8	23	0.5
泥岩	4.5	2 200	3.03	1.56	1.2	27	1
砂质泥岩	5.1	2 400	3.46	1.84	1.6	29	1.3
泥岩	16	2 200	3.03	1.56	1.2	27	1
L4 灰岩	4.4	2 660	4.65	2.78	2	34	2.4
砂质泥岩	8	2 400	3.46	1.84	1.6	29	1.3
L3 灰岩	1.8	2 660	4.65	2.78	2	34	2.4
砂质泥岩	8.7	2 400	3.46	1.84	1.6	29	1.3
L1 灰岩	6.7	2 660	4.65	2.78	2	34	2.4
10#煤	11.8	1 400	1.19	0.37	1.2	25	0.5
泥岩	1.9	2 200	3.03	1.56	1.2	27	1
细砂岩	2	2 600	5.56	4.17	2	35	2.5
砂质泥岩	3	2 400	3.46	1.84	1.6	29	1.3
11#煤	0.6	1 400	1.19	0.37	0.8	23	0.5
泥岩	3	2 200	3.03	1.56	1.2	27	1
粉砂岩	40	2 700	2.68	1.84	2	32	2

　　研究的重点在煤层附近岩层,但考虑到数值计算的特性,模型越大计算的精度及准确度越高,而且考略到煤层回采引起的顶板下沉高度,取煤层上部的岩层厚度为约 100 m 进行模型的构建。

　　(4) 本构模型

　　根据理论和经验,在工作面煤层回采过程中,采场周围岩体的破坏主要是拉应力和剪应力的作用。因此,模型计算采用莫尔-库仑(Mohr-Coulomb)屈服准则。其计算公式为:

$$f_s = \sigma_1 - \sigma_3 \frac{1 + \sin\varphi}{1 - \sin\varphi} + 2C \sqrt{\frac{1 + \sin\varphi}{1 - \sin\varphi}} \qquad (2\text{-}9)$$

式中　　σ_1——最大主应力,MPa;

　　　　σ_3——最小主应力,MPa;

　　　　C——材料的黏聚力,MPa;

　　　　φ——材料的黏内摩擦角,(°)。

　　当 $f_s < 0$ 时,材料将发生剪切破坏。在一般低应力状态下,岩石(煤)是一种脆性材料,因此可根据岩石的抗拉强度判断岩石是否产生拉破坏。

2.3.3　数值计算方案

　　(1) 数值计算内容

　　① 上工作面侧向基本顶一次破断对煤体应力环境的影响,确定峰值大小及位置,为选择沿空掘巷位置提供依据。

　　② 上工作面回采过程的模拟,推进步距为 20 m,推进范围为 0～160 m,提取每一步煤层顶板垂直应力。

　　③ 上工作面回采后进行沿空掘巷,分析掘巷对侧向支承压力分布的影响以及沿空巷道围岩的应力特征。

　　④ 本工作面回采过程的模拟,推进步距为 10 m,推进范围为 0～160 m,提取每一步煤层顶板垂直应力,与上工作面垂直应力进行对比分析,分析基本顶一次破断结构对本工作面回采过程超前支承压力分布的影响。

　　⑤ 留设不同尺寸煤柱时(煤柱尺寸分别为 40 m、15 m 和 8 m)进行本工作面的回采,分析基本顶二次破断对端头及超前段的矿压显现的影响范围及影响程度,分析沿空巷道围岩的应力及位移演化特征。

　　⑥ 研究小煤柱时受采动影响剧烈时煤柱内应力特征及位移分布规律,分析影响煤柱工作状态各因素的影响规律。其中煤柱尺寸影响因素的模拟方案为煤柱尺寸从 3 m 增加至 12 m,每个方案增加 1 m。

　　⑦ 研究小煤柱内部中性面随煤柱尺寸变化的演化规律,在步骤④的基础上

增加 14 m、16 m 煤柱的模拟方案；对比支护前后煤柱中性面的位置、宽度等的变化。支护方案为全锚杆支护，锚杆型号为 $\phi22$ mm×2 500 mm 的高强锚杆，在肩角和底角处的锚杆分别带角度安装。支护方案断面图和效果图如图 2-9 和图 2-10 所示。

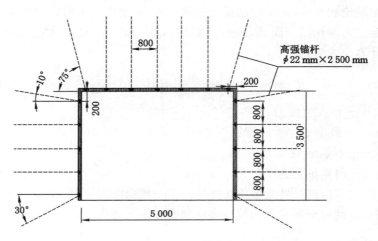

图 2-9　支护方案断面图

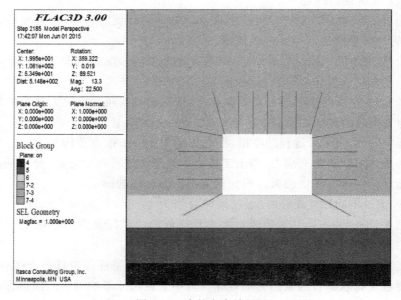

图 2-10　支护方案效果图

（2）数值计算过程

数值计算过程依据赋存特征和实际开采过程，即依据：① 初始地应力平衡；② 上工作面回采过程数值计算及数据监测；③ 沿空巷道掘进过程数值计算及数据监测；④ 留设不同尺寸煤柱沿空巷道时煤柱内的应力分布及位移数值计算；⑤ 不同支护形式效果数值计算；⑥ 本工作面回采过程的计算及数据监测。

2.3.4　煤体应力与裂隙演化规律分析

在本数值计算中，由于 FLAC3D 软件应用连续介质计算原理的特性，因此工作面回采侧向基本顶在采空区边缘的破断情况不能直观地显示出来，只能通过间接的方法（如位移梯度、边缘应力集中程度等）进行判断。如图 2-11 所示，较大的煤层厚度使得侧向顶板破断向煤体内部延伸，对边缘煤体的应力分布及裂隙发育的影响比普通采高工作面更加剧烈。

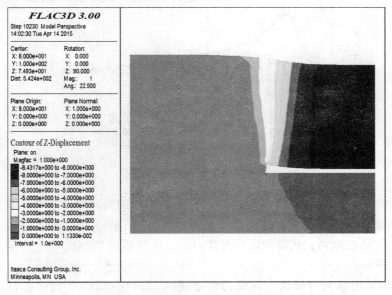

图 2-11　上工作面采后侧向垂直位移图

在数值计算完成后，对工作面基本顶高度范围内不同层位的垂直位移进行了监测和处理，得到图 2-12 所示的曲线。通过垂直位移变化量判断基本顶断裂位置：基本顶断裂回转岩块煤体端的垂直位移和煤层上方未破断基本顶的一致，变化量较小；而采空区端的垂直位移与矸石上方下沉稳定基本顶的一致，与采空区未充填高度相等；岩块长度范围内垂直位移递增。

从图 2-12 中可以看出,在煤体内部(坐标 100 m 处为煤壁)5 m 基本顶开始出现垂直位移,在煤壁外部 12～15 m 范围内垂直位移逐渐达到最大值。据此可认为,岩块 B 的断裂位置在煤壁内部 5 m 处,岩块长度为 17～20 m。

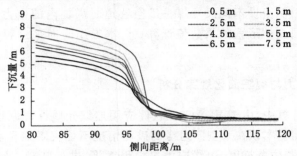

图 2-12　煤壁附近基本顶不同层位垂直位移

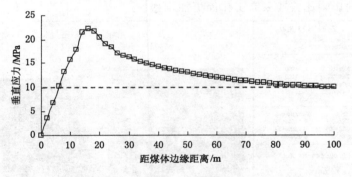

图 2-13　侧向支承压力分布

如图 2-13 所示,本工作面基本顶一次破断引起的侧向煤体应力扰动范围约为 85 m,但影响较为剧烈(应力集中系数大于 1.5)的区域在煤体边缘到内部 35～40 m 的范围内。扰动稳定后煤体内应力的峰值为 22.48 MPa,位置距煤体边缘约 15 m。

煤体从边缘到内部由二向应力状态进入三向应力状态,而边缘浅部煤体在应力调整过程中承载超过抗压强度极限而破坏、裂隙发育,使本区域煤体进入伪三向应力状态,应力大小受本区域裂隙的发育程度影响严重,如图 2-14 所示。应力分布与裂隙分区呈对应关系:煤体 0～6 m 范围内为破裂区(FLAC 中棕色表示该区域岩体已经历过剪切破坏和拉伸破坏),裂隙发育较为丰富,垂直应力逐渐增加但小于原岩应力;6～15 m 范围内煤体处于塑性变形状态(粉色表示该区域岩体正在经受剪切破坏和拉伸破坏),裂隙基本不发育,煤体垂直应力大于原岩应力且逐渐递增至弹塑性边界;15 m 以外为弹性区(蓝色为未经历塑性变形)。

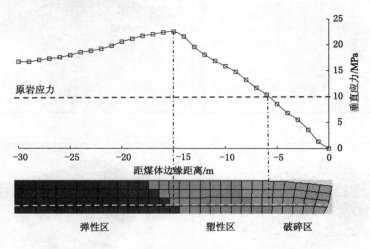

图 2-14 应力扰动剧烈区域裂隙发育情况

2.3.5 侧向破断结构对本工作面矿压显现影响分析

(1)上工作面采场顶板垂直应力演化规律

开采过程是一个岩层中的原岩应力状态不断受到扰动,其应力不断重新分布,由一种平衡状态达到另一种平衡状态的发展过程。图 2-15 所示为工作面推进到 20 m、40 m、60 m、80 m、100 m 和 120 m 时直接顶的垂直应力分布情况,演绎了采动应力不断调整变化的过程。

由图 2-15 可以明显看出:支承压力具有明显的分区特征,在工作面前方和侧向形成两个应力增高区,其主要原因为工作面的推进过程中这两个区域内岩体处于压缩变形状态,造成应变能的积累,从而出现了不同程度的应力集中现象;而采空区上方覆岩由于应变能得到有效的释放,出现应力降低区。结合位移分析,应力增高区对应的竖向位移变化较小,应力降低区对应的竖向位移变化较大,应力变化与位移变化存在较好的对应关系。

(2)本工作面采场应力分布规律

上工作面回采结束后,本工作面开始推进,704 工作面正巷处于上工作面侧向支承压力影响范围内,上端头应力集中现象较为明显,如图 2-16 所示。

本工作面沿空巷道附近区域的超前支承压力分布,受顶板破断结构的影响,与上工作面回采相比呈现不同的显现程度,如图 2-17 所示。

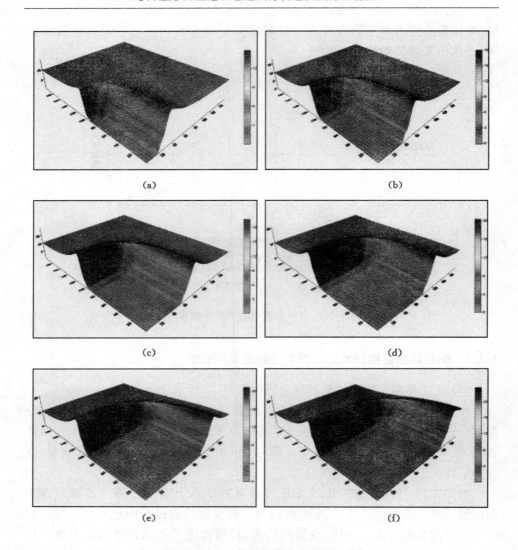

图 2-15　上工作面垂直应力演化过程

(a) 工作面推进 20 m；(b) 工作面推进 40 m；

(c) 工作面推进 60 m；(d) 工作面推进 80 m；

(e) 工作面推进 100 m；(f) 工作面推进 120 m

① 峰值应力集中系数不同。上工作面时超前支承压力峰值为 17.13 MPa，应力集中系数为 1.71；本工作面回采时超前支承压力峰值为 23.71 MPa，应力集中系数为 2.37。上工作面推进后，采空区内顶板破断结构在本工作面一定范围内形成侧向支承压力影响区，本工作面推进时超前支承压力与此侧向支承压

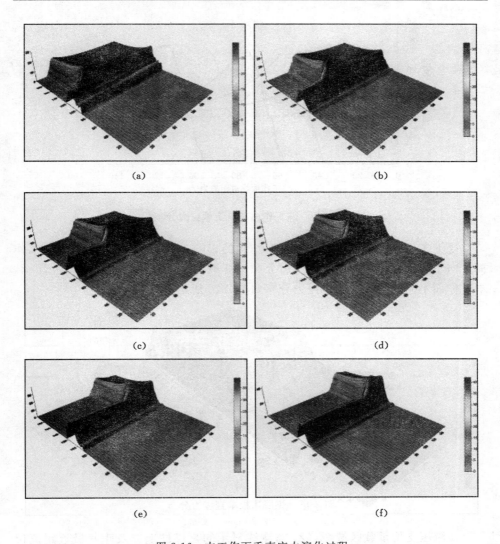

图 2-16　本工作面垂直应力演化过程

(a) 工作面推进 20 m；(b) 工作面推进 40 m；

(c) 工作面推进 60 m；(d) 工作面推进 80 m；

(e) 工作面推进 100 m；(f) 工作面推进 120 m

力叠加，形成二次采动影响，此影响大小随向工作面内部延伸深度增加逐渐
减弱。

②上工作面超前支承压力影响范围为 30～50 m，而本工作面超前支承压
力影响范围增至 60～80 m，回采巷道超前管理长度增加。

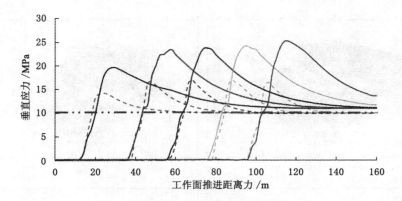

图 2-17　两工作面超前支承应力分布

受上工作面采后侧向基本顶破断结构的影响,本工作面回采过程中沿工作面方向不同距离位置超前支承压力分布特征不一致,如图 2-18 和图 2-19 所示。本工作面不同位置超前支承压力分布如图 2-20 所示。

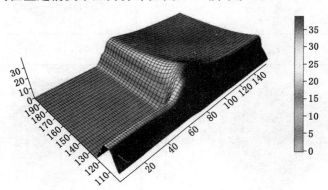

图 2-18　煤层顶板垂直应力分布

在液压支架承载区域,Z_2、Z_3 监测线显示的是煤柱上方及距其极近距离位置顶板的超前支承压力分布,由于煤柱实体的存在,工作面后方亦存在垂直应力分布,但越往煤柱内部深入,采动影响越弱;对比 Z_2、Z_3 即可看出:Z_4 监测线显示的是本工作面沿空巷道附近侧向基本顶破断区域的支承压力分布,受铰接结构影响,破断顶板运移不稳定,受一定程度的顶部载荷;Z_5、Z_6 监测线显示的是工作面内部上工作面支承压力影响范围区域的支承压力分布,遵循一般超前支承压力分布规律,但峰值较稳定区域大,且随距离煤柱距离的增加,侧向支承压力对峰值的影响逐渐减弱;Z_7、Z_8 监测线显示的是本工作面中部附近区域,该区域在上工作面侧向支承压力影响范围外,超前支承压力的分布趋于常规。

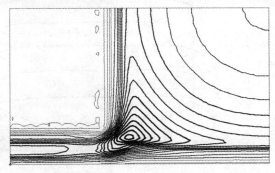

图 2-19　煤层顶板垂直应力等值线分布

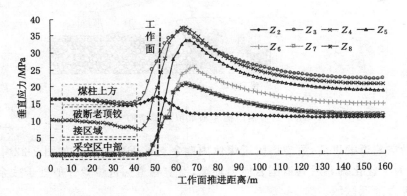

图 2-20　本工作面不同位置超前支承压力分布

2.4　沿空掘巷对煤体应力环境扰动规律

2.4.1　沿空掘巷对覆岩结构稳定性影响

上覆岩体结构在巷道掘进前是稳定的,掘巷后,这种稳定状态是否能够继续保持,这对大采高沿空掘巷掘进期间的稳定性是非常重要的。由图 2-21 所示的沿空掘巷与基于基本顶岩层的上覆岩体的位置关系可见,巷道在上覆岩层下方的煤体中掘进,巷道上方赋存的直接顶厚度较大;同时,巷道的掘进位置又处于支承压力相对较小的低应力区。因此,巷道掘进对其上覆煤岩层的扰动并不会影响到此结构的稳定,此时,关键块 B 的变形及受力特点不变,上覆岩层结构仍将保持原有的稳定状态,巷道外部力学环境没有大的变化。

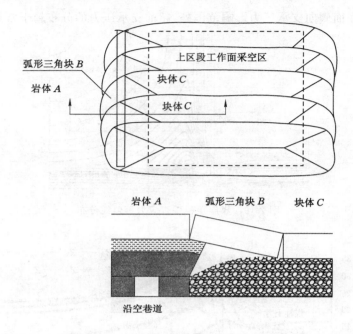

图 2-21 沿空掘巷与上覆岩层结构关系

    沿空巷道掘进前,采空区附近煤体内残余支承压力的分布如图 2-22 中虚线所示,为了优化掘巷后巷道围岩应力环境,沿空巷道掘进位置一般处于残余支承压力应力降低区域。

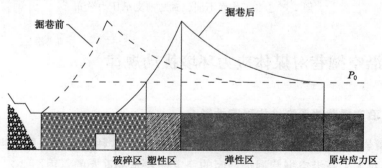

图 2-22 沿空掘巷引起煤体应力重新分布

    掘巷后,巷道的掘出空间截断了残余支承压力在煤体内的连续分布,巷道两侧的小煤柱和实体煤内部应力出现新的调整:煤柱内部呈现两侧低中间高的应力分布特征,由于煤柱受原残余支承压力作用处于塑性破坏状态而变形较大;实体煤内部经历上工作面推过后侧向煤体应力重新平衡的过程,出现新的破碎区、塑性区和弹性区。整体应力调整过程呈现残余支承压力向煤体内部移动的特征,如图 2-22 所示。

　　由数值计算得出的沿空巷道掘巷前后,侧向支承压力的演化规律如图 2-23 所示,验证了理论分析得出的结论。

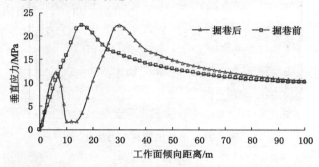

图 2-23　掘巷前后侧向支承压力分布

　　沿空巷道掘进时,会引起围岩应力的重新分布,造成围岩表面位移。一般情况下,沿空掘巷的位置会选择上工作面侧向基本顶破断引起的支承压力降低卸压的范围内,但从前述分析可知,该区域内部的裂隙发育程度较高,煤体围岩强度低、对应力扰动十分敏感,较小的应力调整就可能产生较大的变形。由于强度的丧失和变形空间限制的弱化,在应力不变的情况下,围岩变形随时间推移持续增加,即出现蠕变变形。掘巷稳定时,煤柱帮的变形为 200 mm,实体煤帮的变形量为 135 mm,顶板的变形量为 70 mm。围岩的变形要从巷道新掘出就进行控制,采取一定强度的支护措施,提高围岩强度和承载能力,减小变形量,就会从根源上最大程度的削弱围岩变形过大活化顶部基本顶破断结构,对围岩应力环境产生二次扰动。掘巷后垂直应力演化如图 2-24 所示。

2.4.2　覆岩结构影响沿空巷道围岩稳定规律

　　(1) 在巷道整个服务时期,随着采面不断向前推进,上覆岩层结构运动形式有所不同,通过巷道顶板对沿空巷道围岩稳定的影响方式和程度差异悬殊。同时,掘进巷道再次扰动上覆岩层结构引起应力重新分布,形成更复杂的叠加支承压力。

　　(2) 沿空巷道沿相邻区段采空区边缘布置,顶板岩层处于采空区上覆岩层结构固支边与铰接边之间,其顶板岩层断裂成弧形三角板。

　　(3) 沿空巷道跨度较小,工作面基本顶岩层结构对巷道围岩稳定性影响最

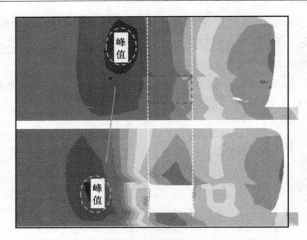

图 2-24　掘巷后垂直应力演化

显著,基本顶一般可视为亚关键层。沿空巷道条件下,基本顶一般可视为亚关键层。

（4）回采工作面关键层结构只经历一次破断→运动→稳定;而沿空掘巷上覆关键层结构在上区段工作面回采时就经历一次破断-运动-稳定,工作面回采,经历第二次破断→运动,并且第二次破断→运动对沿空掘巷稳定性影响更加剧烈。

（5）回采工作面关键层结构分析主要考虑结构块之间的作用力、冒落矸石的支撑力及上覆软弱岩层和关键层的自重,考虑结构自身平衡;而沿空掘巷的关键层结构还要受到下方煤体(小煤柱)的支撑。

2.5　本章小结

（1）通过分析厚层放顶煤工作面采后采区空区及覆岩特征,得出综放工作面侧向基本顶破断结构特征:大采出空间导致直接顶的破碎垮落往往不能完全充填采空区,下位坚硬岩层破断形成的块体铰接结构往往发生大角度回转触矸,破裂面咬合点受实体煤支撑,对煤体内的应力扰动更加剧烈。

（2）基本顶侧向破断结构对煤体应力的扰动平衡是个时间过程,边缘煤体由弹性状态逐步进入塑性变形状态,塑性区内裂隙逐渐发育,表面变形增大进入破坏状态,应力峰值界随时间逐渐向煤体内部移动,并稳定于 22.48 MPa,位置距煤体边缘约 15 m。本工作面基本顶一次破断引起的侧向煤体应力扰动范围约为 85 m,但影响较为剧烈(应力集中系数大于 1.5)的区域在煤体边缘到内部

35～40 m 的范围内。应力分布与裂隙分区呈明显的对应关系。

(3) 本工作面回采过程中工作面不同位置超前支承压力分布规律受上工作面侧向基本顶破断结构影响,端头出现较严重的应力集中现象。煤柱附近受煤柱和基本顶破断铰接结构影响,顶板运移不稳定,受一定程度的顶部载荷的叠加,支架承载状态不一;工作面内部上工作面支承压力影响范围区域的支承压力分布,遵循一般超前支承压力分布规律,但峰值较稳定区域大,且随距离煤柱距离的增加,侧向支承压力对峰值的影响逐渐减弱;本工作面中部附近区域,该区域在上工作面侧向支承压力影响范围外,超前支承压力的分布趋于常规。

(4) 受侧向破断结构影响,上工作面超前支承压力影响范围为 30～50 m,而本工作面超前支承压力影响范围增至 60～80 m,回采巷道超前管理长度增加。

(5) 沿空巷道的掘进位置处于侧向煤体的低应力区,巷道掘进对其上覆煤岩层的扰动并不会影响到上工作面侧向基本顶破断结构的稳定。巷道的掘出空间截断了残余支承压力在煤体内的连续分布,巷道两侧的小煤柱和实体煤内部应力出现新的调整:煤柱内部呈现两侧低中间高的应力分布特征,实体煤内部应力调整过程呈现残余支承压力向煤体内部移动的特征。掘巷稳定时,煤柱帮的变形为 200 mm,实体煤帮的变形量为 135 mm,顶板的变形量为 70 mm。

第3章 本工作面侧向基本顶二次破断对采动影响段沿空巷道围岩应力扰动

第2章分析了上工作面侧向基本顶破断结构对沿空掘巷应力环境及本工作面矿压显现规律的影响,受厚层放顶煤采空区特征的影响,该结构对下部扰动较为敏感,它的二次回转会造成其上覆软弱顶板的弯曲下沉。本工作面采后侧向基本顶会在预破裂面的基础上发生二次破断,与上工作面基本顶破断结构互相影响,采动导致煤柱变形破坏剧烈,对上部结构的稳定产生影响。本章在设定不同煤柱宽度的条件下,建立本工作面基本顶预破裂二次破断的结构及稳定性力学模型,分析煤柱尺寸影响上部结构于上部结构影响工作面端头矿压显现之间的关系,研究采动影响剧烈段小煤柱的稳定性的影响因素及变形破坏特征,为沿空巷道围岩的支护设计提供理论基础。

3.1 基本顶二次破断结构对端头及超前段矿压显现影响规律

工作面的端头是指工作面与上下两平巷相交的区域,端头区域的工作面煤体处于两侧开放状态(煤壁和平巷实体煤帮),会出现"尖角应力集中"现象,应力环境复杂,煤体变形量较大,而该区域是刮板输送机头、转载机及输送机等重要设备安设的位置。对于放顶煤工作面,由于综放支架有两部刮板输送机,输送机的机头和转载机的搭接部位处于一般工作面意义上的采空区位置,如图 3-1 所示。

该区域的护巷煤柱顶板在支架承载顶板的边缘,受本工作面侧向基本顶二次破断影响,且该区域煤柱已经历本工作面采动影响,强度丧失、变形严重,对上部上工作面侧向基本顶破断结构和新形成的本工作面基本顶二次破断产生影响。若此区域的煤柱表面变形过大,则威胁转载机工作空间,因此分析研究端头区域的应力分布规律对生产和超前支护有重要意义。

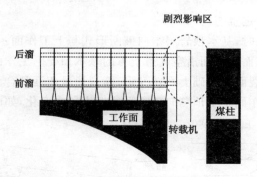

图 3-1　工作面端头尾部位置关系

3.1.1　基本顶破断结构特征及演化过程

上工作面自开切眼开始推进,直接顶先于基本顶破碎垮落,随工作面继续推进,基本顶悬露面积增大、弯矩逐渐增加,当达到强度极限时,将会在边缘首先出现拉伸断裂。裂纹首先出现在薄板长边(切巷和工作面)中部并继续扩展,其后短边(上下平巷)中部逐渐产生裂纹,由于边角处支撑限制较多,极限弯矩分布线为弧形,连接两端裂纹呈扁长的"O"形;此后,基本顶产生竖向位移,中央附近因弯矩首先增至极限强度而出现裂纹,与"O"形边缘沟通后形成"X"形破坏,即基本顶的初次"O-X"破断。此后随工作面推进,基本顶岩层演化成"三边固支 & 一边简支薄板"模型,并重复上述过程,如图 3-2 所示。

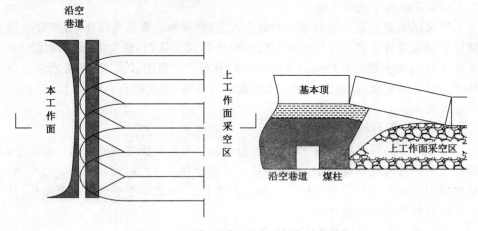

图 3-2　上工作面采后基本顶侧向破断结构

上工作面采后,侧向基本顶以悬臂梁的形式破断形成三角拱结构,煤层上方基本顶岩层处于稳定状态。

本工作面回采时,基本顶岩层走向破断形式与上工作面一样,遵循"O-X"破断规律,依次垮断,而工作面沿空巷道上方的基本顶受上工作面侧向基本顶破断结构的影响,在断裂面的基础上回转变形,断裂形状相互契合。而受预先生成的断裂面影响,本工作面基本顶侧向破断形式发生较大变化,如图 3-3 所示。

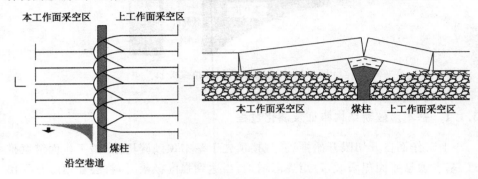

图 3-3　本工作面采后基本顶侧向破断结构

3.1.2　基本顶破断结构对端头矿压显现影响规律

回采工作面端头范围内矿压显现不同于采面,受多重支承压力影响。在进行端头及超前段支护的时候要十分注意。

（1）巷道本身应力环境

厚煤层沿空巷道在侧向煤体中沿底掘进,两帮和顶板均是煤体,底板在一些情况下会留部分底煤。在生产能力较大的放顶煤工作面,沿空巷道的跨度一般在在 4 m 以上巷道掘进对侧向支承压力的分布产生影响较大,形成围岩应力小环境。煤体强度低,掘巷后两帮变形引起应力调整,形成符合巷道尺寸特征的应力分布规律。

（2）上工作面侧向支承压力

为提高煤炭资源的采出率,沿空巷道位置与上工作面之间的距离一般较小,即留设的护巷煤柱的尺寸小,不能避免上工作面开采形成的侧向支承压力影响。基本顶侧向破断位置很可能位于煤柱或巷道上方,形成沿空巷道的上部结构,其稳定性对巷道全长影响较大。

（3）本工作面回采超前支承压力

随着本工作面向前推进,端头范围要受工作面前方支承压力影响。

（4）本工作面基本顶侧向破断结构

在煤层顶板比较坚硬的情况下,回采工作面煤壁、端头煤壁组成了对顶板的三角支承带,因而端头范围内顶板在回柱后,常滞后于工作面的顶板冒落,形成较大的悬顶,使端头范围压力增加。

在回采工作面端头,为了安全移机尾和机头,必须支设大跨度顶梁,工作面向前推进时还要回撤前进方向的基本支柱,移后再补,该处顶板要经过反复支撑。因此,端头范围支护和围岩系统刚度要比工作面正常段支护和围岩系统的刚度小。这一方面是由于反复支撑的结果致使顶板刚度降低;另一方面是因底板接近巷道,早已松动,因而端头范围的顶底板变形很大,完整性差。

3.2　基本顶预破裂后二次破断结构稳定性分析

上工作面采后,侧向坚硬岩层一般会形成铰接稳定结构承载上方软弱断裂岩层,裂隙发育、扩展并被压实闭合,一定时间后,岩层活动最终处于稳定状态。本工作面回采之前,在采空区边缘开掘回采巷道,留设煤柱支撑顶板并隔离采空区,工作面回采后,煤柱上覆岩层垮落。两次回采,该位置岩层断裂的不同之处在于本工作面采后,一侧为采空区,另一侧为实体煤,底部有较好的支撑效果;而下工作面采后,两侧均为采空区,仅依靠煤柱支撑覆岩,岩层断裂受煤柱对顶板结构影响作用较大。根据数值模拟分析煤柱承载性能的大小区分煤柱的尺寸。

3.2.1　基本顶预破裂后二次破断侧向双拱铰接结构分析

本工作面回采后,采场覆岩破断垮落在工作面侧向形成新的"三铰拱",新老"三铰拱"结构通过岩块 A、岩块 B 互相支撑得以稳定,新的结构称为"双拱铰接"结构。新"三铰拱"受已形成的"三铰拱"结构影响表现出不同的破断规律。

本工作面回采后仅剩余煤柱支撑顶板,煤柱较小时,岩块 A 首先发生回转变形,一侧触矸,一侧仅与岩块 B 摩擦接触。若岩块 A 长度较大,在上覆载荷作用下发生二次破断,起始破断点位置可能出现在岩块底部,如图 3-4 所示,则由岩块 B、岩块 B' 的推力及覆岩载荷共同决定。

中等煤柱条件时,煤柱支撑部分岩块长度,岩块 A 受覆岩压力以断裂面下端点为支点压缩煤柱回转变形,且不发生二次破断,双侧铰接结构决定了岩块 A 的长度要大于岩块 B 的长度,如图 3-5 所示。

煤柱宽度较大时,上工作面采空区边缘"三铰拱"结构对本工作面岩层破断结构基本不产生影响,本工作面基本顶同样发生悬臂破断,形成"左右三铰拱"结构,如图 3-6 所示,则拱间不互相影响。在不考虑煤层倾角的情况下两拱以煤柱中心面对称。

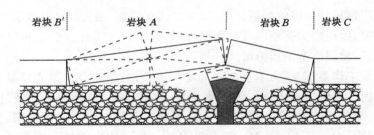

图 3-4　小煤柱双拱铰接结构

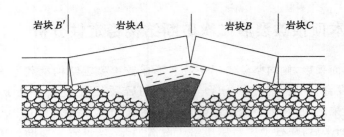

图 3-5　中等煤柱双拱铰接结构

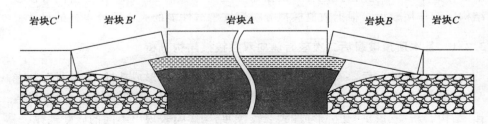

图 3-6　大煤柱左右三铰拱结构

3.2.2　煤柱宽度对基本顶二次破断结构稳定性影响力学分析

3.2.2.1　大煤柱条件下基本顶极限断裂长度 L 计算

本工作面回采后,基本顶岩层悬空,在覆岩压力下从采空区中央逐步向两侧周期性断裂,由于力学环境和结构特性一致,因此每次断裂的块体长度相等。断裂至采空区边缘受煤柱影响,形成如图 3-7 所示的结构。悬露岩块断裂后为岩块 B',与岩块 A 咬合,形成三铰拱,煤柱尺寸较大,岩块断裂发生在上工作面基本顶结构影响范围外。图中,L 为岩块悬露极限长度,h 为基本顶厚度,q 为基本顶承受的上覆载荷,M 为岩块内部弯矩。

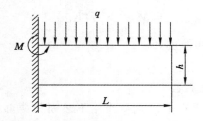

图 3-7　大煤柱条件下岩块断裂结构

此结构中,受固支作用,从自由端到壁面的弯矩逐渐增大,梁弯曲使得顶部张拉底部压缩,其弯矩为:

$$M = \frac{ql^2}{2} \tag{3-1}$$

基本顶承受平均载荷为:

$$q = \frac{E_1 h_1^3 \sum\limits_1^n \gamma_i h_i}{\sum\limits_1^n E_i h_i^3} \tag{3-2}$$

式中　E_i——第 i 层岩层的弹性模量,GPa;

　　　h_i——第 i 层岩层的厚度,m;

　　　γ_i——第 i 层岩层的容重,kN/m³;

　　　n——从基本顶到主关键层的岩层层数。

岩石材料抗拉强度小于抗压强度的性质,导致基本顶岩梁从顶部张拉应力超过其极限抗拉强度处开始断裂,断裂面垂直于岩层。若其极限抗拉强度为 $[\sigma_s]$,由应力与弯矩的关系式,得出岩块断裂的极限弯矩为 $[M] = \dfrac{[\sigma_s] \cdot lh^2}{6}$。当 $M \geq [M]$ 时岩块断裂,则基本顶极限断裂长度为:

$$L = \frac{[\sigma_s] h^2}{3q} \tag{3-3}$$

大煤柱条件下,工作面回采引起的基本顶周期断裂至块体 A 即停止,块体 B' 的回转是基本顶变形的最终环节。

3.2.2.2　小煤柱条件下基本顶极限断裂长度 L_1 计算

本工作面回采过后,靠近采空区中央区域基本顶一般会断裂成规则整齐的块体并压实矸石,矸石只对岩块起支撑作用,岩块间存在有规律的水平挤压力,从而相互铰合形成一条多节铰链。基本顶破断至煤柱附近,岩块 A 长度较大时即以铰接点为支点回转,下沉端允许的最大位移量为:

$$s = M - \sum h(K_p - 1) \tag{3-4}$$

式中　　$\sum h$——直接顶厚度,m;

　　　　M——煤层厚度,m;

　　　　K_p——岩石碎胀系数。

回转停止后,岩块 A 在上覆载荷作用下破断为两部分,一部分紧密压实采空区,另一部分继续回转,直至断裂后的回转岩块能够保持稳定,稳定岩块下沉端接触采空区,另一端与岩块 B 咬合并受煤柱直接顶支撑。岩块 A、B 之间的铰接结构将两个采空区的多节铰链连接在一起,两岩块之间只存在水平推力。

图 3-8 中块体的最大允许下沉量仍为 s,得出了水平推力的计算公式为:

$$T_{AB} = \frac{qL^2}{h - L\sin\theta} \tag{3-5}$$

式(3-5)中,L 为基本顶极限断裂长度,即岩块 B 的长度,θ 为岩块 B 回转角度,$\theta = \arcsin\frac{s}{L}$。由于处于同一关键层下,所以岩块 A、B 所承受的上覆载荷均为 q。下面对岩块内部弯矩分布进行分析,以判断岩块破断点位置和极限断裂长度。

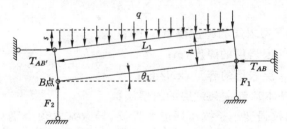

图 3-8　小煤柱条件下岩块 A 力学模型

假设 x 为水平方向,y 为竖直方向,根据平衡条件得:

$$\sum M_A = 0, \sum M_B = 0, \sum F_x = 0, \sum F_y = 0 \tag{3-6}$$

可得 $T_{AB'} = T_{AB}$,煤柱直接顶支撑力为:

$$F_1 = \frac{qL_1}{2} - T\tan\theta_1 \tag{3-7}$$

采空区支撑力为:

$$F_2 = \frac{qL_1}{2} + T\tan\theta_1 \tag{3-8}$$

假设岩块中部下凹向下弯曲,顶部受压,底部受拉,则任意长度 l 处的弯矩计算公式为:

$$M_l = -\frac{1}{2}ql(l-L_1)\cos\theta_1 \qquad (0 < l < L_1) \tag{3-9}$$

可以看出弯矩是关于 l 的二次多项式，其关系曲线为开口向下的抛物线。当 $l = \frac{1}{2}L_1$ 时，$M_{l\max} = \dfrac{qL_1{}^2\cos\theta_1}{8}$；当 $l = L_1$ 或 $l = 0$ 时，$M_{l\min} = 0$。即得知，岩块内部弯矩均为正值，岩块顶部被压缩底部张拉，底部中点处弯矩达到最大值。当岩块 A 的弯矩产生的张拉应力超过岩块的极限抗拉强度，即 $M_{l\max} \geqslant \dfrac{[\sigma_s] \cdot L_1 h^2}{6}$ 时就会断裂，此时 $L_1 \geqslant \dfrac{4[\sigma_s]h^2\cos\theta_1}{3q}$。由于回转角 θ 一般较小，所以 $\cos\theta_1 \approx 1$，则岩块 A 回转而不断裂的极限长度为 $\dfrac{4[\sigma_s]h^2}{3q}$。若岩 A 块断裂，且其断裂位置出现在岩块底部中点处，断裂后的长度为原长度的 $1/2$，则小煤柱条件下岩块 A 的极限断裂长度为 $2L \leqslant L_1 \leqslant 4L$。

3.3.2.3　中等煤柱条件下基本顶破断块体极限长度 L_2 计算

中等煤柱条件下，采空区内部基本顶断裂形式及岩块特征不变，采空区边缘岩块 A 一端受煤柱支撑与岩块 B 铰接，另一端下沉触矸，据此建立如图 3-9 所示的块体 A 的铰接梁结构模型。

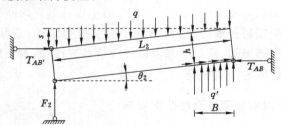

图 3-9　中等煤柱条件下岩块 A 铰接梁结构力学模型

岩块 A、B 互相咬合，只存在水平推力相互作用，而不存在剪切力，岩块 A 压缩煤柱回转，因其压缩量不同而表现出不同的支撑性能，煤柱顶部压缩变形量与回转角度有关，则其计算公式为：

$$\Delta s = b\tan\theta_2 \tag{3-10}$$

式中　b——煤柱顶部各点距铰接点距离，m，$0 \leqslant b \leqslant B$；

　　　B——煤柱宽度，m；

　　　θ_2——为岩块 A 回转角度，(°)，$\theta_2 = \arcsin\dfrac{s}{L_2}$；

　　　L_2——基本顶破断块体长度，m。

则其支撑载荷为：

$$q' = \frac{b\tan\theta_2 E}{M} \tag{3-11}$$

式中　M——煤层厚度，m；

　　　E——煤柱弹性模量，GPa。

岩块 A 断裂回转后在煤柱层面间产生反向剪切力 Q，约束岩块滑移，所以 $T_{AB'} \neq T_{AB}$。假设煤柱宽度为 B，根据平衡条件，可得采空区支撑力为：

$$F_2 = qL_1 - \frac{sEB^2\tan\theta_2}{2M} \tag{3-12}$$

$$T_{AB'} = \frac{qL_2}{2\tan\theta} + \frac{EB^2}{M}\left(\frac{B\tan\theta_2}{3L_2\sin2\theta_2} - \frac{1}{2}\right) \tag{3-13}$$

由于煤柱部分支撑载荷，弯矩最大点出现在悬露岩块部分，对应其断裂位置，所以可计算出任意点处的弯矩为：

$$M = -\frac{1}{2}ql^2\cos\theta_2 + \frac{1}{2}qL_2l\cos\theta_2 - \frac{EB^3\tan\theta_2}{6M\cos\theta_2}l \tag{3-14}$$

根据岩块断裂极限强度与弯矩关系，可得基本顶破断块体的极限长度为：

$$L_2 = \frac{2EB^3\sin\theta_2}{3Mq} + \frac{2h^2[\sigma_s]}{3q} \tag{3-15}$$

当煤柱宽度 B 较小时，$L_2 \approx 2L = L_1$，即小煤柱时岩块断裂极限长度为大煤柱时基本顶极限断裂长度的 2 倍，验证了前文所得结论；岩块 A 断裂极限长度随煤柱宽度变大而增加，同时受基本顶极限抗拉强度、基本顶厚度、上覆载荷、煤层厚度及煤柱性质等参数影响。

3.2.3　煤柱宽度对两侧顶板运移范围影响

工作面推进后，上覆岩层依次向上断裂，靠近采空区中央位置的覆岩失去下位煤体的支撑，在顶板破断前后经历了缓慢下沉、垮落、压实的过程，由于岩块的排列顺序未受到外界干扰，断裂后岩块仍为层状组合，甚至某些性质较为软弱的岩层不会发生断裂而是随下部坚硬岩层断裂变形发生附着弯曲下沉。因此，该区域内的岩层变形可视为整体下沉，层与层之间的滑移剪切作用不明显，裂隙的发育程度较低。而在采空区边缘，岩块一般发生回转变形形成铰接点在煤体内部的拱结构，岩块回转一定角度影响上部岩层的断裂形式，层与层之间剪切力作用占主导作用，该区域内层间离层和岩块弯曲断裂发育丰富，顶板运移不稳定[148]。

3.2.3.1　小煤柱两侧顶板不稳定运移范围

煤柱尺寸较小时，裂隙区呈狭长的三角形状，裂隙区顶部内外边界几乎相交（如图 3-10 所示），这说明岩层移动影响的层位较低。小煤柱时基本顶破断岩块自由度最大,长度最长,采空区内部顶板运移的范围最大;上采空区基本顶岩块受影响后以采空区触矸点为铰点回转下沉,顶板运移区进一步发展。

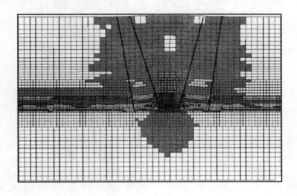

图 3-10　小煤柱两侧顶板运移

如图 3-11 所示,上工作面回采后顶板在煤柱外延伸采空区 40 m 范围内不稳定运移;下工作面的运移范围为 52 m。中小煤柱两侧形成不对称的顶板不稳定运移区,随煤柱尺寸减小,煤柱变形增大,煤柱两侧顶板运移范围逐渐形成沟通。

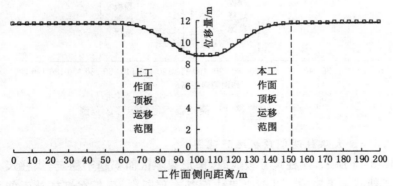

图 3-11　小煤柱两侧顶板不稳定运移区范围

3.2.3.2　中等煤柱两侧顶板运移范围

如图 3-12 所示,中等煤柱尺寸时,裂隙区形状逐渐演化为类似长方形的条状,楔形区的面积逐渐增大,这说明岩层活动范围随煤柱尺寸的增加而逐渐变大。此时的破断岩块相对于大煤柱条件自由度更大,长度变大,采动影响的顶板不稳定运移范围向采空区内部延伸。

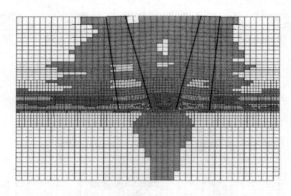

图 3-12　中等煤柱两侧顶板运移

如图 3-13 所示,上工作面回采后顶板在煤柱外延伸采空区 35 m 范围内运移;下工作面回采后,运移范围为 43 m。

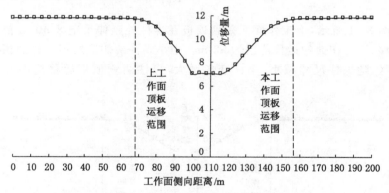

图 3-13　中等煤柱两侧顶板不稳定运移区范围

3.2.3.3　大煤柱两侧顶板运移范围

如图 3-14 所示,煤柱尺寸较大时,楔形裂隙区面积趋于稳定,煤柱尺寸变化对岩层活动基本无影响。此时上工作面基本顶断裂,顶板在煤柱外延伸采空区 35 m 范围内运移;下工作面回采后,顶板的运移范围基本保持在 35 m 内的区域内,煤柱两侧顶板运移区域范围基本一致,形成对称运移区,如图 3-15 所示。

根据分析可以看出,顶板运移范围区的发展受煤柱尺寸影响剧烈。上工作面回采导致基本顶破断在煤柱上方极限平衡区边缘,煤柱尺寸较小时,下工作面回采导致的基本顶破断岩块受煤柱支撑范围极小(煤柱极小时甚至不受支撑),岩块回转变形剧烈,回转角度增加了上覆岩层悬露的长度,岩层移动向采空区内偏移较大;随煤柱尺寸增加,基本顶破断岩块受煤柱支撑,破断后的回转角度受

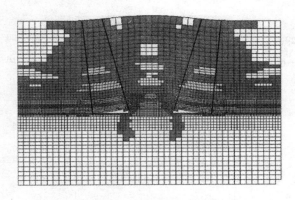

图 3-14　大煤柱两侧顶板运移

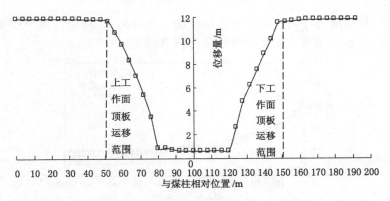

图 3-15　大煤柱两侧顶板不稳定运移区范围

煤柱压缩量控制逐渐减小,岩层移动偏离采空区,楔形区的发展范围增加,直至煤柱支撑范围超过岩块理论破断长度,基本顶破断残留部分在煤柱上方,煤柱尺寸对铰接结构不产生影响,岩层移动范围不发生变化。

3.2.4　煤柱宽度对超前段影响范围影响

3.2.4.1　大煤柱时超前段影响范围及程度

留大煤柱本工作面回采,可认为端头煤柱侧为实体煤,端头和超前段煤体应力显现仅受本工作面回采影响,较高的应力显现范围小,影响距离为 34 m,应力集中系数也不大。如图 3-16 所示,较大的垂直应力分布范围为工作面前方 8～15 m、工作面内部 0～5 m 的范围内,应力集中系数为 2.11。

此时,如图 3-17 所示,采动剧烈影响段煤柱帮的最大变形量为 342.6 mm,实体帮的最大变形量为 419.7 mm,顶板的最大变形量为 189.2 mm,侧向影响

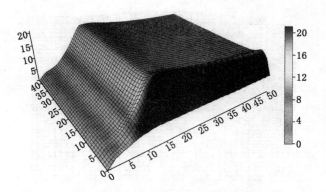

图 3-16   大煤柱时端头及超前段垂直应力分布

大幅削弱,煤柱应力环境好。由于实体侧端头出现尖角,则应力集中明显,工作面前方 0～3 m 的范围内变形较煤柱帮的剧烈,如图 3-18 所示。

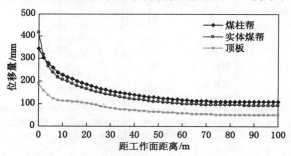

图 3-17   大煤柱时剧烈影响段范围

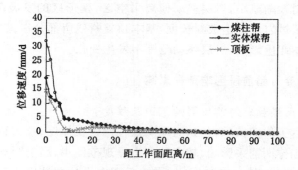

图 3-18   大煤柱时沿空巷道围岩变形速度

3.2.4.2   中等煤柱时超前段影响范围及程度

如图 3-19 至图 3-20 所示,中等煤柱时的采动剧烈影响距离为 50 m,煤柱帮

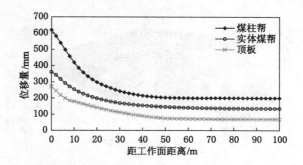

图 3-19　中等煤柱时剧烈影响段范围

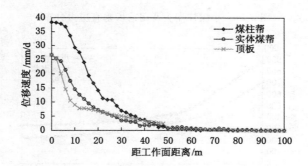

图 3-20　中等煤柱时沿空巷道围岩变形速度

最大变形量为 619.8 mm，实体帮最大变形量为 361.8 mm，顶板最大变形量为 272.6 mm，侧向影响仍剧烈，采动对煤柱影响剧烈。

3.2.4.3　小煤柱时超前段影响范围及程度

小煤柱时，下端头区域矿压显现是煤柱、工作面煤壁、巷道采空区本工作面基本顶破断结构和上工作面侧向破断结构共同影响，应力组成复杂，不仅要受本工作面回采影响，还要受上工作面侧向支承压力影响，应力集中显现十分明显、影响范围较大，影响距离约为 68 m。如图 3-21 所示，剧烈影响范围为工作面前方 0～25 m、工作面内部 0～20 m 的区域，较上工作面上端头影响范围增大了约 15 倍；应力集中系数为 3.89，矿压显现程度显著增加。

如图 3-22 所示，煤柱帮最大变形量为 880.8 mm，实体帮最大变形量为 714.8 mm，顶板最大变形量为 504.9 mm，上工作面侧向基本顶破断结构影响严重，围岩性质较弱。

沿空巷道围岩的位移速度显示了承受本工作面采动影响的大小，在工作面前方 30 m 内，巷道围岩表面位移速度较大，尤其是煤柱帮，由于强度的丧失，在

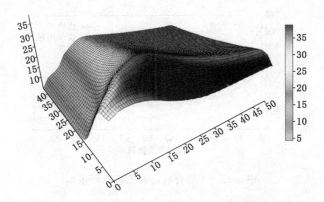

图 3-21　小煤柱端头及超前段垂直应力分布

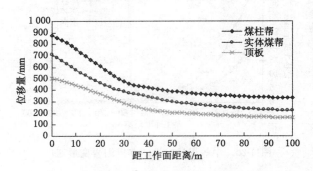

图 3-22　小煤柱时剧烈影响段范围

大采动影响下变形更为迅速,最大值可达 43 mm/d 左右,如图 3-23 所示。在工作面前方 30~50 m 范围,围岩位移速度明显减小,采动影响得到一定程度的缓和,但位移量持续增加,并逐渐过渡至剧烈影响状态。50 m 以外,采动影响仍存在,但影响极为微弱。

　　本工作面采动为煤柱内部应力带来了新的扰动,从而产生新的应力平衡。如图 3-24 所示,掘巷弱化了上工作面破断结构对侧向煤体的应力扰动,在应力降低区掘巷,护巷煤柱内的应力显现程度被大幅削弱,原巷道侧应力被释放,煤柱维护环境较好;本工作面回采后,采动在煤柱内的显现尤为明显,破碎煤体虽能释放部分能量,但整体呈现的仍是高应力状态。

　　如图 3-25 所示,实体煤帮的围岩条件较好,承载能力大,本工作面的采动在实体帮表现得更为独立和突出,上工作面基本顶侧向破断结构产生的影响更直观(图 3-25)。

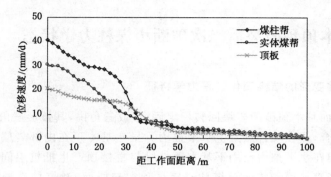

图 3-23　小煤柱时沿空巷道围岩变形速度

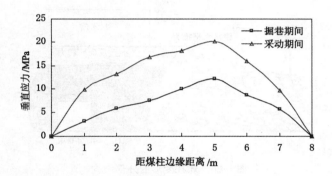

图 3-24　本工作面采动时沿空巷道煤柱应力状态

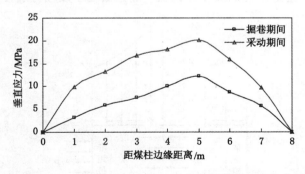

图 3-25　本工作面采动时沿空巷道实体煤帮应力状态

3.3 基本顶预破裂后二次破断小煤柱力学状态

3.3.1 煤柱变形的结构演化过程力学特征

上工作面基本顶破断岩块回转稳定后,形成三角拱,其弧形三角块与煤柱上方基本顶咬合,并在咬合点产生水平推力。虽然基本顶在内部岩层限制下不会向内回缩,但在水平推力作用下基本顶外缘与直接顶产生抵抗层间相对滑移的剪切力,并经直接顶和传递至煤柱与直接顶相交层面,对煤柱变形产生一定影响,如图 3-26 所示。

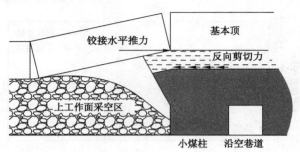

图 3-26 煤柱变形的外部结构

经过简化,建立如图 3-27 所示的沿空巷道新掘小煤柱力学模型。

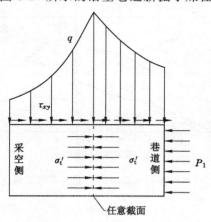

图 3-27 煤柱力学模型

根据弹塑性理论,煤柱顶板载荷的表达式为:

$$q = \left(\frac{C}{\tan\varphi} + \frac{P_1 x}{\lambda} \right) e^{\frac{2\tan\varphi}{\lambda m} x} - \frac{C}{\tan\varphi} \tag{3-15}$$

由式(3-15)可以看出,随煤柱高度和侧压系数的增大,塑性区宽度就越大,但若煤柱性质越好(即极限抗压强度越大),塑性区范围就会减小。当对煤柱施加支护后,支护阻力对煤柱塑性区的发展也会产生限制作用。

小煤柱力学模型中,层间剪切力的组成由顶板限制煤柱鼓胀的层间摩擦力和上部结构引起的水平推力组成。因此,小煤柱的变形形式,从结构的角度可称为压推型变形,从受力的角度可称为压剪型变形。

3.3.2　小煤柱内部应力分布规律

上工作面推进过后,在采动应力和失去采出空间变形限制的条件下,煤柱中出现应力调整,受顶板结构影响,铰接岩块产生水平推力,煤柱内部垂直应力分布并不是对称的。同时,煤柱巷道侧出现较大变形的高度仅为巷道高度范围,而采空侧受放顶煤大采出空间影响,变形高度为整个煤层高度,变形跨度大,采动引起的应力在煤柱两侧变形后进一步调整,表现出向巷道侧转移。煤柱上部直接承受上覆载荷和顶板回转变形,较早破坏而卸载,受底板支撑煤柱底部变形空间被限制,起到主要承载作用,所以在煤柱底部靠近巷道侧应力最为集中,如图3-28 所示。

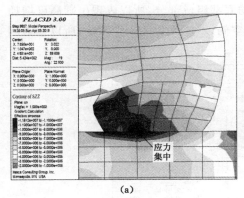 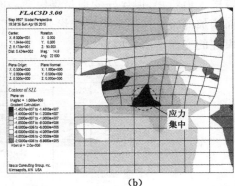

图 3-28　煤柱内部垂直应力分布
(a) 煤柱尺寸为 6 m；(b) 煤柱尺寸为 8 m

在工作面回采和巷道掘进后,煤柱内水平应力失去了来源。图 3-29 中显现出的水平应力是煤柱受压缩侧向膨胀导致,即煤柱内部产生的次生水平应力,该水平应力的显现及大小由煤柱顶部载荷和煤柱变形量决定,一般较小。

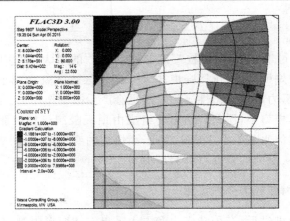

图 3-29　煤柱内部水平应力分布

　　煤柱的变形表现为受顶板的压缩和水平方向上的鼓出,由于受顶板和底板的加持且煤柱自身有一定的强度,压缩变形不明显且不易测量。在水平方向上,工作面回采和巷道使煤柱失去煤体的限制,内部受力超过极限强度后出现碎胀,压迫浅部煤体向自由空间鼓出,限制越小,鼓出量越大。如图 3-30 所示,煤柱巷道侧在巷道高度范围变形,受顶底板滑移剪切应力限制作用,中部鼓出明显;而采空侧煤层高度范围变形,变形跨度大,顶底板对变形的限制对中部的限制作用被极大地弱化,但煤柱变形是煤层变形的底部组成部分,所以表现出随高度增加而增加的特征。但采空侧变形处于封闭空间,不能人为地产生影响,所以巷道侧煤柱的变形的研究的重点。

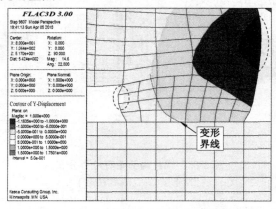

图 3-30　煤柱内水平位移分布

3.4　沿空巷道小煤柱失稳机理分析

3.4.1　沿空巷道小煤柱变形过程分析

沿空巷道在掘进期间围岩的变形破坏有限,但回采过程中,动载对围岩,特别是煤柱的稳定性的影响十分显著。在垂直载荷作用下,煤柱被压缩,由于宽高比较大(一般大于1),煤柱一般不会发生整体剪切滑移变形。煤柱上下两端被顶底板约束,竖向压缩产生的形变在垂直方向受到限制,而在水平方向释放,出现一定范围的水平拉应力,产生竖向裂隙。顶板压力传递到煤柱内,性质较均匀的区域产生符合剪切滑移条件的条状煤体,沿最大主应力方向破坏,性质差异较大的区域煤体沿压缩变形产生的弱面或应力集中点继续破坏,两种后续破坏将煤柱分割成破碎的散体。

由于内部破裂块体受力旋转或滑移需要一定的空间,因此它将推挤外部相邻块体向外移动,表现出碎胀特质。从煤柱内部到两侧表面,块体位移限制逐渐减少,位移量逐渐增大,块体排列组合越无规则,块间间隙变大,表面的块体最为松散杂乱,位移量最大。而变形则反向传递,如果外部变形得不到控制,煤柱破碎区域会继续向内发展,直至两侧塑性破坏的区域重叠,煤柱完全破碎,煤柱进入全塑性状态,如图 3-31 所示。

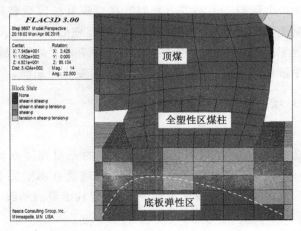

图 3-31　煤柱状态数值计算效果图

3.4.2　沿空巷道小煤柱承载状态分析

在本工作面采动影响段,煤柱先后经历掘巷稳定→弱采动影响→强采动影响的阶段,煤柱的承载能力被覆载激发,先逐步升高,当覆载超过煤柱极限强度时,煤柱破坏变形迅速,内部裂隙发育大幅削弱煤柱承载性能,强度丧失严重,如图 3-32 所示。煤柱的承载状态与覆载的关系与其应力应变曲线基本符合,说明煤柱的承载先是显现后超过极限而迅速降低。此时的煤柱虽说承载能力降低,但在残余强度的起作用的情况下仍具有一定的承载能力。在采动影响过程中,煤柱能否保持较好的服务能力与外部支护强度、煤柱自身性质有直接联系。

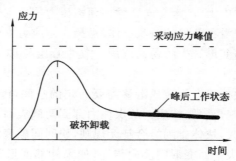

图 3-32　煤柱内应力演化过程

煤柱在采动应力影响下内部应力急剧升高至强度极限后破坏卸载,但煤体的互相挤压限制使煤体仍具有一定的强度,此时煤柱处于峰后承载状态。虽然煤柱的变形释放了部分变形能,但煤柱的残余强度并不足以承载卸载后的应力,若不通过外部手段提高煤柱强度,煤柱就会发生流变直至崩溃。

3.4.3　煤柱承载状态影响因素分析

3.4.3.1　动围岩载

煤柱所受动载大小,主要与直接顶在采空区的充填程度有关,而综放开采中,由于采出空间的较大,下部软弱岩层的破碎垮落往往不能完全填充采空区,坚硬岩层破断形成的块体往往发生大角度回转,煤柱承受的动载十分明显。

3.4.3.2　承载时间

不管是一般回采工作面还是综放工作面,覆岩都要不断经历变形—失稳的过程,但综放工作面的基本顶运移稳定需要的时间更长。首先,综采放顶煤回采方法增加了一道放煤工序,从工作面一端到另一端花费时间较长,在此之前支架还需支撑顶煤。放煤后,上部岩层的结构平衡被打破开始寻找新的平衡,同时受采空区不完全填充特性的影响,稳定所需的时间更长。

在此过程中,煤柱一直承受顶部载荷,煤体破碎后产生流变效应,随承载时间增加,煤强度降低。

3.4.3.3　煤柱尺寸

当煤柱高度一定时,煤柱的宽度确定了煤柱的宽高比。图 3-33 所示为不同煤柱尺寸时其内部的垂直应力分布。表 3-1 所示为煤柱内部垂直应力集中系数随其尺寸变化。

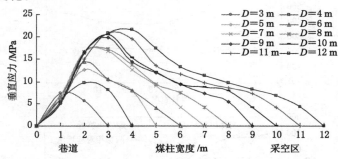

图 3-33　不同尺寸煤柱内垂直应力分布

表 3-1　　　　　　　　　煤柱内部垂直应力集中系数随其尺寸变化

煤柱尺寸/m	峰值应力/MPa	应力集中系数
3	7.34	0.734
4	9.82	0.982
5	12.73	1.273
6	14.44	1.444
7	16.86	1.686
8	17.28	1.728
9	19.83	1.983
10	20.52	2.052
11	20.85	2.085
12	21.63	2.163

从煤柱一侧到另一侧垂直应力先增大后减小,但不是对称分布,应力峰值位置偏离煤柱中心面靠近巷道侧。同时,随煤柱尺寸增加,内部垂直应力峰值不断增大。不同煤柱宽度沿空巷道围岩位移如图 3-34 所示。当煤柱尺寸为 3 m 和 4 m 时,此时的煤柱内垂直应力峰值小于原岩应力,究其原因是煤柱过小不足以

承载覆岩载荷而破坏、失去强度;当煤柱尺寸从 5 m 增至 9 m 时,煤柱内垂直应力峰值增幅明显,说明增加煤柱尺寸显著提高了煤柱的承载能力;9 m 以后再增加煤柱尺寸,应力集中系数变化幅度显著减小,煤柱内部垂直用力分布改变不明显,说明 9 m 的煤柱完全可以满足承载顶部载荷的要求,在增加煤柱尺寸虽能小幅提高承载能力,但不符合提高采出率的要求。

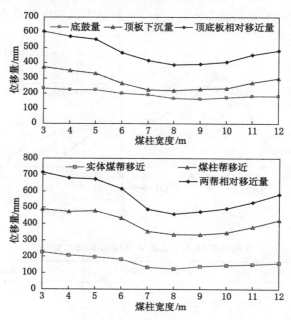

图 3-34 不同煤柱宽度沿空巷道围岩位移

煤柱宽度从 3 m 增加至 8 m,巷道两帮向巷道内的移近量逐渐减小,然后随着煤柱宽度从 9 m 增加至 12 m,两帮移近量逐渐增加。3～8 m 时,巷道处于低应力区,但是由于前一个工作面开采在煤柱中形成了破碎区及塑性区,裂隙发育使得煤柱承载能力降低,锚杆支护的效果不好,煤柱变形量较大,随煤柱尺寸变大,煤体承载能力上升,煤柱变形量减小;9～12 m 时,煤柱承受的应力逐渐升高,内部塑性破坏对煤柱变形影响变小,随应力升高煤柱侧帮向巷道内移近变大。

煤柱宽度从 3 m 增加至 12 m,巷道底鼓量变化幅度约为 40 mm,变化对巷道整体变形影响较小;巷道顶板下沉量约为 380 mm,这是由于随煤柱尺寸增加,巷道承受应力增大,而顶板岩层性质较差,使得顶板下沉量不断增大,但在控制的范围内。

煤柱帮移近量比实体煤帮移近量大,稳定变形量为 300～500 mm,由于煤柱内部塑性破坏区影响,煤柱侧帮移近量变化较为明显。沿空巷道支护的重点在于控制两帮的收敛。

从工程技术的角度考虑,沿空掘巷的小煤柱以留设 8～10 m 为宜。

3.4.3.4　支护加固作用

煤柱内部垂直应力的分布在一定程度上反映了煤柱强度及承载状态,施加支护后,煤柱的抗压强度、内摩擦角、内聚力等力学性质得到强化,抵抗变形的能力提高。煤柱内的应力集中表现为水平方向上破坏大变形,使得煤柱变形表现出整体的被压缩,引起顶板的下沉,活化已经稳定的基本顶侧向破断结构,恶化围岩应力环境。提高煤柱的支护强度可有效提高煤柱强度、限制煤柱水平位移、改善内部集中应力分布现象(如图 3-35 所示)、防止顶板活化,使得煤柱浅部围岩的变形被大幅削弱,实现从"变形体"到为"支撑体"转变,在围岩控制上一举两得。

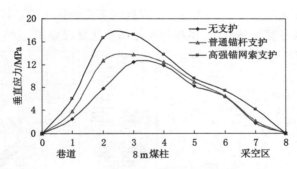

图 3-35　不同强度条件下煤柱内的垂直应力分布图

不同支护强度巷道围岩变形如表 3-2 所示。

表 3-2　　　　　　　　　　　　不同支护强度巷道围岩变形

	位移量/mm			
	底板	顶板	实体煤帮	煤柱帮
无支护	292.10	1 041.00	664.2	1 320
普通锚杆支护	214.35	672.33	421.13	870.00
高强锚网索支护	167.27	219.93	123.18	334.70

从表 3-2 可以看出,煤柱支护强度的增大有利于减少巷道两帮变形量:小煤柱、实体帮变形量均有不同程度的减少;对小煤柱变形控制效果非常明显。煤柱支护强度的增大有利于减少巷道顶底板移近量:随煤柱强度增大而减少,但减少量较小。

3.5　小煤柱位移特征及演化规律

上区段工作面推进后,采空区边缘基本顶破断、回转、下沉、触矸。采空区边缘煤体在侧方支承压力作用下超过极限强度发生破坏,失去支承能力,侧向支承压力峰值逐渐向煤体深部转移,从而在采空区边缘依次形成应力降低区、应力增高区和原岩应力区。为优化巷道应力环境,小煤柱沿空掘巷的位置一般选择布置在侧向残余支承压力下的应力降低区内。沿空掘巷后小煤柱因承载由煤柱中心向采空侧及巷道侧碎胀,并发生水平移动变形,在煤柱中心部位存在一个零位移面,该零位移面附近煤体不产生水平位移或水平位移极小,称之为煤柱中性面。中性面是煤柱两侧不同变形方向区域的分界,其位置及宽度受煤柱尺寸与应力环境等因素影响。

小煤柱中性面的宽度及形状表征了煤柱内部煤岩体小位移区域的宽度和承载特性。不同煤柱宽度条件下,煤柱内中性面变化情况如图 3-36 所示。

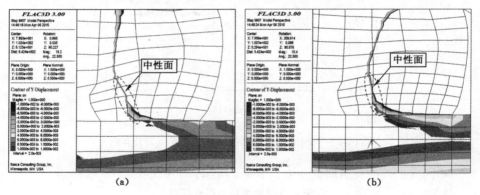

图 3-36　煤柱不同尺寸时内部中性面变化

(a) 煤柱宽度为 6 m;(b) 煤柱宽度为 8 m

3.5.1　中性面位置与形状特征

在无支护条件下,中性面表现出中间小顶底宽的形状特征,煤柱上部中性面偏向巷道侧,而下部偏向采空区侧,斜穿过煤柱,这种分布形状说明煤柱承受顶板压剪两种载荷。不同宽度煤柱内中性面与煤柱中心面均不重合,中性面的位置均偏向巷道侧。煤柱内部垂直应力峰值与中性面区域基本处于相同位置,中性面区域与高承载区域基本一致(如图 3-37 所示),出现高强度抗变形区,应力集中明显。支护设计时,应以煤柱底部中性面位置为基础确定锚杆长度。

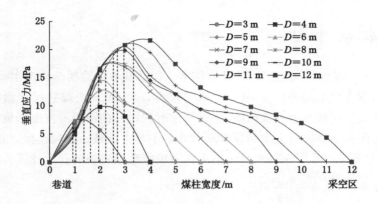

图 3-37　中性面与垂直应力峰值位置关系图

3.5.2　中性面宽度随煤柱尺寸变化规律

随煤柱尺寸增加,中性面宽度逐渐增大,煤柱承载能力提高。中性面宽度占煤柱尺寸比例变化规律可以看出,煤柱较小(3~7 m)时,中性面宽度极小且随煤柱尺寸增加基本不变,这是因为煤柱完全破碎丧失承载能力,煤柱两侧的破碎区向煤柱中央发展,小煤柱产生很大的塑性变形,引起煤柱向巷道方向强烈移动。随煤柱尺寸增加(8~11 m),中性面宽度及其占煤柱宽度比例显著增大,煤柱内开始出现稳定的塑性极限承载区域,但其范围受煤柱尺寸影响剧烈,煤柱宽度增加可明显改善煤柱应力集中状态和变形情况。其后,煤柱尺寸再增加(≥12 m),中性面宽度会有一定程度增大,但其占煤柱宽度比例增速降低并逐渐趋于稳定。中性面占煤柱宽度比例关系如图 3-38 所示。

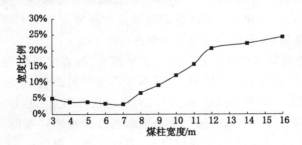

图 3-38　中性面占煤柱宽度比例关系

3.6　本章小结

（1）上工作面侧向"三铰拱"结构使本工作面基本顶破断结构产生固支悬臂梁结构向铰支梁结构的转变，并产生水平推力，结构形式受煤柱尺寸影响：小煤柱时岩块较早回转发生二次破断，中等煤柱时岩块铰接回转不发生断裂，大煤柱时下工作面基本顶同样发生悬臂破断。并基于基本顶破断结构模型建立了力学模型，推导得出了不同煤柱尺寸时本工作面顶板破断岩块的长度计算公式：

大煤柱时，$L = \dfrac{[\sigma_s]h^2}{3q}$。

中等煤柱时，$L_2 = \dfrac{2EB^3 \sin\theta_2}{3Mq} + \dfrac{2h^2[\sigma_s]}{3q}$。

小煤柱时，岩块 A 的极限断裂长度为 $2L \leqslant L_1 \leqslant 4L$。

（2）顶板运移不稳定其范围受煤柱尺寸影响剧烈。大煤柱时，上工作面三铰拱结构对本工作面基本顶破断不产生影响，两侧岩层移动范围对称独立，均为 30 m；随煤柱尺寸减小，基本顶破断逐渐受上工作面三铰拱结构影响，岩块受煤柱支撑回转时对其稳定结构产生活化，岩层移动向采空区发展至 32 m；煤柱尺寸较小时，下工作面回采导致的基本顶破断岩块受煤柱支撑范围极小（煤柱极小时甚至不受支撑），岩块回转变形剧烈，对上工作面稳定三铰拱结构影响十分明显，量一侧岩层发生二次移动，影响范围增至 36 m。

（3）本工作面侧向基本顶二次破断结构对端头尾部区域影响剧烈，且该区域煤柱已经历本工作面采动影响，强度丧失、变形严重，对上部上工作面侧向基本顶破断结构和新形成的本工作面基本顶二次破断产生影响。受不同宽度煤柱支撑时，对工作面端头和超前段的影响范围及矿压显现程度不同，采动影响下，煤柱帮变形破坏迅速，是围岩控制的关键部位。

（4）上工作面基本顶破断岩块产生水平推力，经直接顶传递至煤柱与直接顶相交层面，对煤柱变形产生影响，且受本工作面采动影响，煤柱中出现应力调整，内部垂直应力分布并不是对称的。应力在煤柱两侧变形后进一步调整，表现出向巷道侧转移。煤柱上部直接承受上覆载荷和顶板回转变形，较早破坏而卸载，受底板支撑煤柱底部变形空间被限制，起到主要承载作用，所以在煤柱底部靠近巷道侧应力最为集中。

（5）煤柱在采动应力影响下内部应力急剧升高至强度极限后破坏卸载，但煤体的互相挤压限制使煤体仍具有一定的强度，此时煤柱处于峰后承载状态。虽然煤柱的变形释放了部分变形能，但煤柱的残余强度并不足以承载卸载后的应力,若不通过外部手段提高煤柱强度,煤柱就会发生流变直至崩溃。煤柱的工作状态影响因素有围岩动载大小、煤柱尺寸、承载时间和支护加固作用。

(6) 提出了中性面的概念:沿空掘巷后小煤柱因承载由煤柱中心向采空侧及巷道侧碎胀,并发生水平移动变形,在煤柱中心部位存在一个零位移面,该零位移面附近煤体不产生水平位移或水平位移极小。中性面表现出中间小顶底宽的形状特征,煤柱上部中性面偏向巷道侧,而下部偏向采空区侧,斜穿过煤柱,这种分布形状说明煤柱承受顶板压剪两种载荷。中性面的位置偏向巷道侧与煤柱内部垂直应力峰值基本处于相同位置。

第4章　采动影响巷道底板渐次破坏底鼓机理

4.1　沿空巷道底板不均匀应力分布特征

上工作面回采后,会在侧向煤体中形成"先升后降"的连续支承压力分布,根据沿空掘巷位置确定原则,巷道会在侧向支承压力降低区内掘进,优化掘进时的巷道围岩应力环境、降低掘进后的围岩变形量。沿空巷道掘进后,巷道空间打断了侧向支承压力的连续分布,同时由于巷道两侧帮部不同的结构特征,所以煤体对底板的压力呈现出独立的分布特征。回采巷道底板两侧垂直应力分布简化模型如图4-1所示。

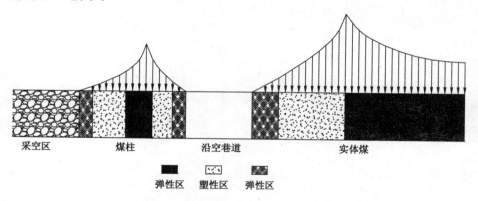

采空区　　　　　煤柱　　　　沿空巷道　　　　　实体煤

弹性区　　塑性区　　弹性区

图 4-1　掘巷后巷道底板两侧应力分布及破坏区分布

巷道与采空区之间的煤柱受顶板压缩变形,两侧分别出现塑性区发育,受基本顶旋转变形及侧向应力分布规律的影响,煤柱采空侧塑性区发育宽度比巷道侧大;当煤柱宽度较小时,整个煤柱宽度范围内均是塑性区,而当煤柱宽度较大时,煤柱内部会出现弹性核区,弹性核区出现的临界时机需要根据具体的地质条件及应力环境确定。煤体弹塑性区的分布反映了其内部垂直应力的分布规律,因此煤柱内部垂直应力是非对称分布,峰值偏向于巷道。巷道另一帮为实体煤,该侧煤体同样经历了上工作面采后边缘煤体的应力调整过程,从实体煤表面到煤体深部应力的分布"先升后降",煤体破坏状态依次为破碎区、塑性区、弹性区,应力峰值位置为弹塑性区的分界面。煤柱两侧均为空区导致变形破坏范围大,实体煤仅一侧为小跨度巷道,煤体强度保存较好,而煤体强度确定了所承载应力的大小,因此,实体煤中垂直应力的峰值要大于煤柱中垂直应力分布的峰值。

本工作面的采动会打破掘巷后围岩的应力平衡态,应力分布-煤体强度之间的耦合使围岩体中出现新的平衡态,与工作面的距离决定了新平衡态与原有平衡态的差异大小。超前段巷道所受的采动影响最为剧烈,新的应力分布及弹塑性区划与原有状态有较明显不同,如图 4-2 所示。

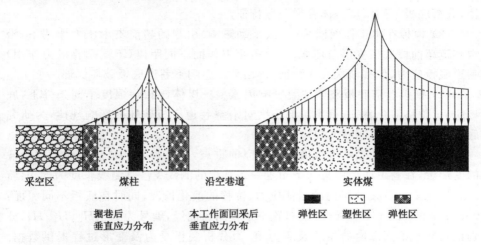

图 4-2　采动影响后巷道底板两侧应力及破坏区分布

本工作面回采后的超前支承压力分布会为超前段巷道围岩中的应力带来增幅,不同位置出现的应力增加幅度不同:实体煤中本工作面超前支承压力与上工作面侧向支承压力叠加,出现较大增幅,垂直应力增加幅度可达 50% 以上,因此引起超前段巷道较大的变形破坏;而煤柱帮由于变形破坏较严重、承载基础差,导致应力增幅较小,甚至应力峰值的位置基本不变,但围岩破坏处于峰后状态,应力的变化极易引起变形的大幅增加,因此,虽然煤柱内部应力的增幅较小,但煤柱帮表现出来的变形破坏则较大。同时,两帮的应力增幅传递到底板后,也会引起底板变形破坏的演化,两侧的应力分布特征及应力大小不同,引起的底板破坏特征及底鼓量不同。因此,从掘巷到本工作面采动影响,底板的渐次破坏过程需要进行具体分析。

4.2 掘巷期间底板岩体变形破坏过程分析

鉴于前文建立的数值计算模型针对的研究对象主要为煤层顶板及煤柱应力分布特征,而若针对沿空巷道的底板底鼓进行研究,则需要在原模型的基础上对底板网格划分进一步细化。新建立的数值模拟各层的尺寸、性质参数及边界条件同原模型的。本次数值模拟方案及内容如下:

(1)模拟沿空巷道掘进时,在上工作面回采(一次采动影响)引起的侧向支承压力作用下,底板所承受的应力分布、底板位移滑移线随时间的分布及演化规律,分析底板不同深度岩体变形破坏特征。

(2)模拟在本工作面回采(二次采动影响)引起的超前支承压力作用下,沿空巷道超前段底板变形破坏规律,分析距工作面不同距离(不同垂直应力作用)巷道底板应力、位移渐次演化特征,得出动压影响下巷道底板破坏机理。

(3)模拟巷道底板破坏主要影响因素——煤体(两帮)强度不同条件下,底板应力、位移演化特征,得出帮部强度对沿空巷道底板破坏的影响规律,为研究底板控制机理及控制技术提供依据。

巷道底鼓机理是本次数值模拟研究的重点,为了得到巷道底板在不同阶段的变形量,在巷道底板中央向下布置一条垂直的测线 V_1,监测线长度为 5 m,监测底板 8.0 m 深度范围内的岩体应力、位移的演化情况,同时在底板不同深度:0 m、1.0 m、3.0 m、5.0 m 分别布置一条横向监测线,编号为 H_1、H_2、H_3、H_4,分别记录底板不同深度的位移及应力值,为分析底板受力及变形过程提供数据。除此之外,在巷道两帮 1.5 m 高的位置各布置一条横向监测线,编号分别为 H_5、H_6,监测帮部围岩 6.0 m 深度范围内的水平位移,从而评价不同煤体强度条件下巷道帮部围岩的稳定性。具体巷道围岩监测线布置情况如图 4-3 所示。

上工作面回采过后(即一次采动后),靠近采空区煤体内的垂直应力及位移分布特征如图 4-4 所示。

由图 4-4 可以看出,上工作面煤层煤体回采后,上覆岩层移动引起应力转移,本区上覆载荷由临近煤体承担,距离采空区越近,所受的应力变化越剧烈。临空侧煤体强度不足以承受如此大的载荷时会出现破坏,高应力范围向内部转移,同时煤体的破坏会弱化内部煤体的位移约束,最终会出现先高后低的垂直应力分布规律,而煤体的约束条件由边缘到内部变为"双向约束"→"伪双向约束"→"三向约束",边缘煤体的承载能力低、位移趋势大,可认为是"给定载荷"条件下的应力分布结果,如图 4-4(b)所示。而基本顶破断回转会压缩临空侧煤体上角,而煤体顶角的压缩变形会传递至边缘煤体内部,呈现梯度分布,可认为是"给

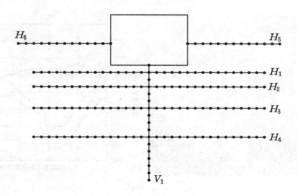

图 4-3　巷道围岩监测点布置图

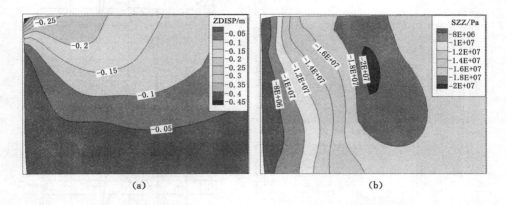

(a)　　　　　　　　　　　　　　　　　(b)

图 4-4　一次采动后侧向煤体内应力及位移分布云图
(a) 垂直位移；(b) 垂直应力

定变形"条件下的位移分布结果,使得边缘煤体内部均存在压缩下沉位移,如图 4-4(a)所示。

　　在巷道掘进过程中,开挖空间的出现使得原有应力平衡态的被打破,应力、位移有了新的释放空间,出现的新的应力及位移场。图 4-5 所示为巷道掘进后围岩位移场的演化过程。

　　滑移场的方向是与位移场的梯度方向垂直的,即侧向煤体中的滑移场基本为垂直向下的,与所受的主应力方向一致。而巷道开挖截断了该处的主应力传递,底板处于下有作用力而上无约束的状态。底板岩体由三向应力状态变为双向应力状态,应力约束的弱化使得岩体的表现强度大幅降低,从而出现由浅入深的变形破坏并释放应力。这种应力释放是在原应力场及位移场的基础上进行

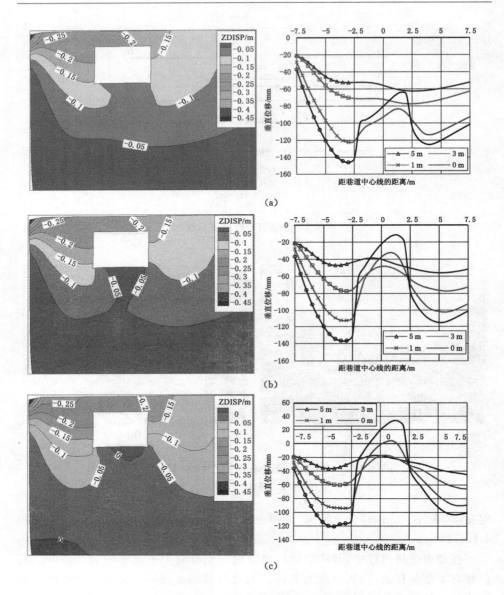

图 4-5(A)　掘进后巷道底板位移演化过程

（a）计算时步 step＝100；（b）计算时步 step＝200；（c）计算时步 step＝300

的,因此,巷道掘进对原位移场的影响也是由小到大、由近及远的,具体变化情况如图 4-5(a)～(d)所示。这也是巷道底板变形破坏的一个主要原因——给定载荷。

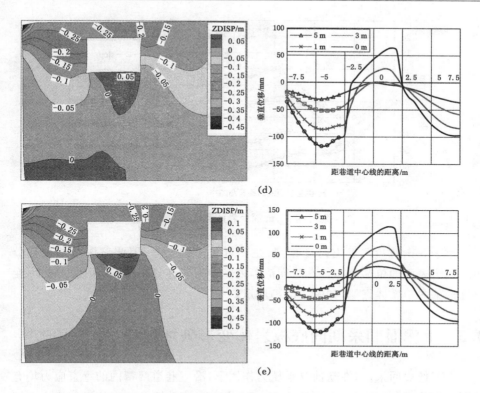

图 4-5(B)　掘进后巷道底板位移演化过程

(d) 计算时步 step＝400；(e) 计算稳定状态

　　另一个主要原因则是巷道正处于边缘煤体顶角"给定变形"产生的滑移场中，巷道开挖空间给煤体中积聚的滑移能量提供了突破空间和引导，同样因为位移约束的降低使得巷道底板变形被进一步促进。同时，巷道跨度对于边缘煤体位移场的范围是不可忽略的，在巷道跨度范围内存在着位移梯度及变形约束的差异：越靠近采空区，位移滑移的方向与竖直方向的夹角越大，水平方向产生的摩擦力阻碍了竖直位移的产生，且垂直分量大幅度减小，因此，会产生如图 4-5(e)所示的底板位移分布云图。巷道实体帮侧底板的压力显现明显大于煤柱帮侧，形成具有反映侧向煤体"给定应力"和"给定载荷"双重特征的偏向位移分布特征。

　　图 4-6 所示为底板深度为 5 m 处的岩体变形演化曲线。由图 4-6 可以明显看出，随着时间的推移，底板岩体变形影响由浅至深，最终影响范围大于 5 m。同深度的岩体垂直位移逐渐增大，但比浅部岩体变形开始时间滞后、变形持续时间短，变形量相对较小。

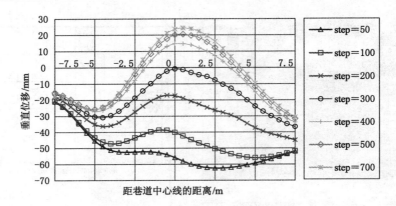

图 4-6　底板 5 m 深处岩体变形演化曲线

由于 5 m 深度与巷道跨度相同,是不可忽略的尺寸,因此该深度的位移分布有别于表面的位移分布。在跨度范围内基本为对称分布,随着深度的减少,变形逐渐偏向于实体煤侧,如图 4-5(e)所示。

4.3　工作面回采期间底板岩体变形破坏过程

本工作面回采后,在超前支承压力作用下,沿空巷道两帮内的垂直应力均有不同程度的变化,如图 4-7 和图 4-8 所示。据图 4-7 和图 4-8,实体煤侧应力大幅增加,由 24.3 MPa 增加至 31.2 MPa,应力集中系数从 2.43 增加至 3.12,增幅约 30%,这是超前支承压力与侧向支承压力叠加产生的结果;而煤柱帮的应力则出现小幅降低,由 17.5 MPa 降低至 15.6 MPa,应力集中系数从 1.75 降至 1.56,降幅约 10%,其原因是煤柱已完全塑性变形,失去了承载能力,本工作面的超前支承压力增加会进一步削弱煤柱的承载能力,同时引起较大的变形破坏。

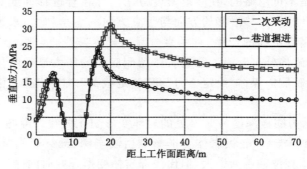

图 4-7　本工作面回采前后侧向垂直应力分布曲线

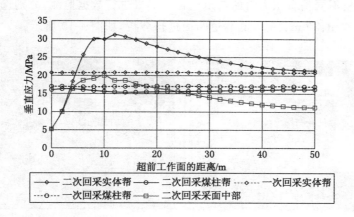

图 4-8　本工作面回采前后巷道两帮垂直应力分布曲线

图 4-9 所示为本工作面回采前后巷道围岩变形曲线。本工作面采动并没有改变巷道原有应力非对称性的分布特征，而是在此基础上加大了非对称的程度，同时由于在工作面前方的应力降低区内的岩体已经历过峰值压力，因此变形破坏更加严重，出现如图 4-10 所示的位移分布特征。实体帮承受的垂直应力更大，变形最大，底板相对较小。

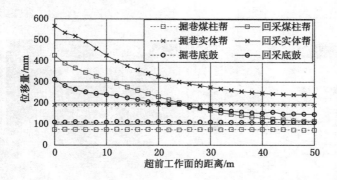

图 4-9　本工作面回采前后巷道围岩变形曲线

作用于底板的垂直压力来源有两个（即煤柱和实体煤），起到的作用主要分为两个方面：一是直接作用于底板，使底板岩层弯曲直至破断，产生离层空间；二是垂直压力在煤体内的显现，在煤柱变形产生的水平力作用下软弱层破碎，向中间滑移，加速底板鼓起。采用数值计算的方法研究垂直压力与底板变形的直接关系，对底板不同垂直压力时的巷道底板变形量进行数据监测，分别选取超前工作面 0 m、10 m、20 m、30 m 的巷道断面进行分析，如图 4-10 所示。

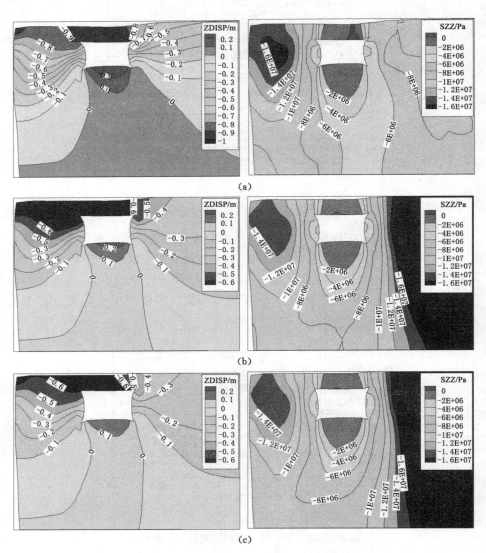

图 4-10(A)　巷道超前段不同断面位移及应力分布云图

（a）超前 0 m 断面；（b）超前 10 m 断面；（c）超前 20 m 断面

由图 4-10 可以看出，垂直压力对巷道底鼓变形产生直接影响。虽然随着垂

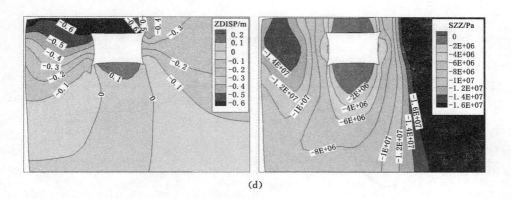

(d)

图 4-10（B）　巷道超前段不同断面位移及应力分布云图

（d）超前 30 m 断面

直压力的增加,巷道围岩中应力分布趋于高围压状态,两侧应力集中明显,但同煤体强度的条件下,垂直压力对底板弯曲作用产生的底鼓量在底板变形总量中占的比例较大,这说明垂直压力是巷道底鼓的重要影响因素。不同断面巷道底板不同深度的垂直位移对比如图 4-11 所示。

由图 4-11 可知,经历本工作面采动影响后,侧向破断基本顶岩块进一步旋转,有采空区和整个煤层高度作为变形基础,给定变形加大,原有的边缘煤体滑移场进一步加强,如图 4-11(a)左侧曲线所示。同时采动引起的实体帮应力分布增大也会在该侧的底板承受的压力增大,新的"给定变形"在岩体内产生新的滑移场,使得底板变形偏向于煤柱帮侧。这两个滑移场的在巷道处的方向相反,但"给定变形"以采空区及煤层高度的大空间为基础,影响范围大、深度较深,但是与巷道有一定的距离,如图 4-11(b)所示;而"给定载荷"是以巷道空间为变形基础,空间小、影响范围小,影响深度也较浅,但是距离巷道极近。这样就形成了两个滑移场的分布状态,底板表面位移不同于掘巷时的偏向性分布,逐渐趋近于对称分布,且随着本工作面采动应力的增加、底板强度的降低,会出现偏向于煤柱帮侧的巷道底鼓。

图 4-12 为超前工作面 0 m 断面不同深度岩体垂直位移分布曲线。由图 4-12 可以看出,巷道不同深度的位移分布偏向性差异明显。这同样证明了上述结论。

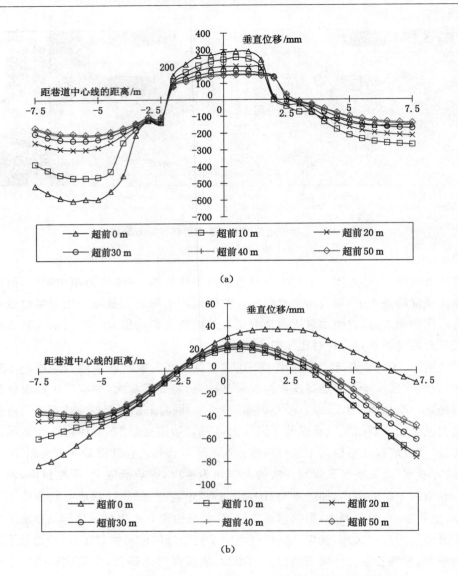

(a)

(b)

图 4-11 不同断面巷道 0 m 和 5 m 深度垂直位移对比曲线

(a)底板表面垂直位移；(b)底板 5 m 深处垂直位移

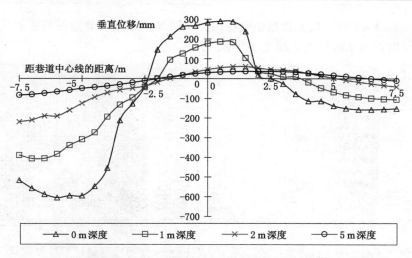

图 4-12　超前工作面 0 m 断面不同深度岩体垂直位移分布曲线

4.4　帮部煤体强度与底板鼓起变形关系分析

巷道断面是整体性结构,顶底板及两帮的变形的联动的,巷道两帮的鼓出、内挤会对底板鼓起起到促进作用。巷道围岩所处应力环境及围岩强度的差异是导致巷道变形量不同的主要因素,则引起综放工作面回采巷道帮部位移差异的因素主要为采动压力大小和煤体强度的变化。上节已对不同垂直应力(超前工作面不同距离)的底板岩体变形特征进行了研究,本节则针对围岩应力相同条件下煤体强度不同引起的帮部位移对底板鼓起的促进作用进行分析。

模拟回采巷道两帮煤体体积模量强度分别 0.8～3.0 GPa(每日次递增 0.2 GPa)、垂直压力为 10 MPa 时的巷道帮部位移量、底板变形特征变化趋势及鼓起量变化,分析两者之间的内在关系。

图 4-13 所示为不同煤体强度条件下巷道围岩垂直应力分布。在采动压力影响下,煤体强度变化对底鼓的影响主要是通过煤体内部传递的垂直应力,底板所承受的上部载荷与煤体的强度有直接关系。煤体强度的增加可有效提高煤柱抵抗变形的能力,减小煤体内应力的释放,使煤体内的应力分布数值更大,劣化底板变形应力条件。由此可以看出,围岩应力分布是煤层强度对底鼓变形影响的中间环节。随煤层强度的提高,巷道两侧的应力集中向深部移动,应力分布向底板辐射范围也向两端转移,较大的应力出现在变形限制较多的底板位置。巷道底鼓量随帮部煤体表面水平位移的减小而显著增加,两者具体的数量关系可

从图 4-14 和图 4-15 监测数据曲线得出。不同煤体强度时巷道两帮垂直应力峰值点与围岩表面距离变化如表 4-1 所示。

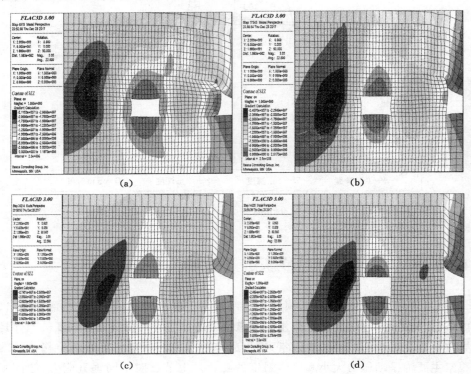

图 4-13　不同煤柱强度时底板应力及位移
(a) 煤层体积模量 0.8 GPa；(b) 煤层体积模量 1.6 GPa；
(c) 煤层体积模量 2.4 GPa；(d) 煤层体积模量 2.8 GPa

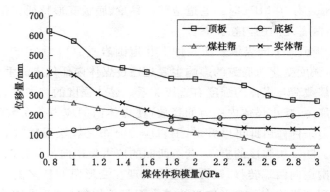

图 4-14　底板形变量与煤体强度的关系

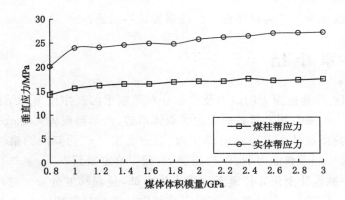

图 4-15　两帮内部垂直应力峰值与煤体强度的关系

表 4-1　不同煤体强度时巷道两帮垂直应力峰值点与围岩表面距离变化

煤体体积模量/GPa	煤柱距帮距离/m	实体煤距帮距离/m
0.8	3.3	7.2
1	3.5	7
1.2	3.7	6
1.4	3.8	5.2
1.6	3.9	4.5
1.8	4	4.1
2	4.1	4
2.2	4.1	3.7
2.4	4.4	3.4
2.6	4.8	3.1
2.8	5	3
3	5.2	2.6

由表 4-1 可以看出,不同的强度范围内的煤体对巷道底板变形的影响程度不同:煤体强度极小时,煤体强度的变化对煤体变形的控制贡献不大;煤体强度为 0.8～1.0 GPa 时,煤体强度对其变形的削弱效果不如煤体强度为 1.0～2 GPa 时明显,因为此时煤体强度均大幅小于顶板压力强度,煤体强度的增加对变形有控制但效果有限;其后随煤体强度靠近顶板压力强度,其小幅增加就会引起底鼓量的大幅降低,不同强度的位移差距也较为明显随着煤体强度的提高;煤体强度大于 2 GPa 时,煤体能较好承载顶压,水平变形范围小,引起的底鼓变形

量小,煤体强度的提升对煤体变形的控制效果不明显。

4.5 本章小结

(1)掘巷后巷道围岩的应力及位移分布是双重因素作用下的结果。①"给定载荷"——回采空间上覆载荷由边缘煤体承担,内部出现先高后低的垂直应力分布规律,约束条件由边缘到内部变为"双向约束"→"伪双向约束"→"三向约束",边缘煤体的承载能力低、位移趋势大;②"给定变形"——基本顶破断回转会压缩临空侧煤体上角并传递至边缘煤体内部,呈现梯度分布。巷道实体帮侧底板的压力显现明显大于煤柱帮侧,形成偏向性位移分布特征。

(2)本工作面采动并没有改变巷道原有应力非对称性的分布特征,而是在此基础上加大了非对称的程度。新的"给定载荷"和"给定载荷"形成的双滑移场呈层状分布,底板表面位移逐渐趋近于对称分布,且随着本工作面采动应力的增加、底板强度的降低,会出现偏向于煤柱帮侧的巷道底鼓。

(3)底板所承受的上部载荷与煤体的强度有直接关系。煤体强度的增加可有效提高煤柱抵抗变形的能力,减小煤体内应力的释放,使煤体内的应力分布数值更大,劣化底板变形应力条件。随煤体强度的提高,巷道底鼓量随帮部煤体表面水平位移的减小而显著增加。

第 5 章　采动影响区沿空巷道帮底稳定性控制原理及关键技术

5.1　沿空巷道帮底稳定性控制原理

5.1.1　提高小煤柱承载能力,优化沿空巷道围岩力学环境

在沿空巷道的围岩变形组成中,煤柱变形占的比例最大,因为煤柱宽度有限,两侧均经历了应力调整和裂隙发育,完整性差、强度低,承载能力被采动应力弱化。在沿空巷道服务的整个过程中,由于沿空掘巷位置选择在侧向支承压力降低的范围内,裂隙发育丰富,围岩强度低,对应力的扰动即为敏感,而经历本工作面回采的过程中,采动应力在煤柱内的显现表现为煤柱的大量鼓出和整体压缩,煤柱顶面的下沉会让顶部破断铰接结构得到新的变形空间,岩块发生进一步回转,产生二次变形动压,加速巷道其他部位的位移。控制煤柱的变形不仅可以保证巷道服务期间的断面使用要求,而且可以稳定支撑顶板结构,优化围岩应力环境,使巷道围岩避免承受二次动载影响,因此提高小煤柱的稳定是控制沿空巷道围岩的关键。对煤柱进行必要的支护,选择合适的支护形式和支护强度,提高煤柱的承载能力,限制煤柱的初期变形是沿空巷道围岩控制首先要考虑的问题。

5.1.2　限制煤柱变形诱发的水平力作用,降低底板变形

沿空巷道底板一般留有部分底煤,且煤层的直接底一般为性质较为软弱的泥岩和较薄的砂质泥岩,煤层底板限制了煤柱水平方向上的变形,从而产生水平推移反力,作用于巷道底板岩层引起挠曲断裂。巷道两侧的煤柱和实体煤帮内的垂直压力作用到底板上产生反力,由于层间黏聚力较小,在反力作用下会产生离层和滑移,底鼓剧烈。而底板是安放胶带输送机、转载机、破碎机等设备的基础,底鼓会使得设备弯曲角度过大而影响正常运转。沿空巷道的使用过程中,必须对底板变形进行防治。预紧力锚杆支护可增加层间压力将岩层组合在一起,

提高岩梁的弹性模量、抗弯强度等力学参数,增加抗变形能力;同时层间法向压力的增加增大了摩擦力,有效抵抗煤柱变形产生的水平力,阻止软弱层沿层面的滑移。

5.1.3 选择合理的支护形式,满足围岩变形要求的同时发挥最大的承载作用

沿空巷道处于上工作面侧向采动破坏的围岩环境中,煤体损伤严重、破坏变形不可逆转,而本工作面回采过程中,沿空巷道承受载荷在不断变化,围岩受扰动变形能易通过变形进行释放,变形是不可避免的。若采用高强度支护,支护结构一致处于高阻力工作状态,围岩应力得不到释放会产生冲击危险,且支护成本较高;若采用低强度支护,虽然能让变形能大量释放,但不能有效控制围岩位移。因此采用合理的支护形式和支护强度,在沿空巷道围岩中形成可靠的承载结构保障围岩稳定性,在控制围岩变形、提高承载能力的同时允许有一定量的变形而进行压力释放,减小承载量。

5.2 基于中性面的全塑性小煤柱强化控制技术

小煤柱沿空掘巷作为一种节约煤炭资源、提高资源回收率、简化采掘接替的典型布置形式,在我国煤矿回采巷道中被广泛使用。小煤柱的稳定和维护状态与留设煤柱的宽度及支护形式密切相关,国内外学者分别采用现场实测法、理论分析法、极限平衡法、弹塑性理论、数值分析法研究了煤柱合理尺寸,提出了确定煤柱尺寸的理论与经验公式,认为小煤柱要能稳定承载,煤柱中间必须存在一定宽度的弹性承载核。但是受采场侧向支承压力的影响,在煤柱宽度较小条件下,煤柱内部往往处于塑性区,如何实现全塑性状态下小煤柱稳定控制,成为困扰当今小煤柱沿空掘巷的关键问题。通过研究小煤柱内部变形规律,提出了基于零位移面即中性面的锚网控制技术。通过提高煤柱内部稳定塑性极限承载区的宽度与承载能力,实现了全塑性区小煤柱稳定性控制,该技术为小煤柱的支护设计提供了科学依据。

5.2.1 全塑性小煤柱强化控制技术原理

依据极限平衡理论,处于侧方残余支承压力区的小煤柱内部均为破碎区和塑性区,将不存在弹性承载区域,在较小应力作用下会发生较大变形,一般认为这类小煤柱的稳定性和承载能力极低难以支护。但是由于小煤柱多位于特殊的低应力承载环境,此时若能采取适当的支护措施,提高煤柱内部稳定塑性极限承载区的宽度与承载能力,煤柱仍能保持较好的稳定状态。中性面的研究为小煤

柱可靠锚杆支护提供新思路,中性面区域由于位移变形小,可以作为锚杆锚固的基点,通过加强控制措施该区可以成为煤柱承载的核心区域,通过锚杆支护结构增大并提高该区域的宽度与承载特性,能够实现小煤柱的稳定。因中性面两侧煤体位移方向的不同,若锚杆长度至煤柱中性面,则锚杆内锚固端与外露托盘端承受相反的轴向拉力,可实现锚杆对塑性区极限承载区岩体的主动约束,从而提高锚杆支护的效能[151-153]。借助于小煤柱中性面两侧煤体特殊的相对位移规律,通过锚杆使煤柱两侧变形产生联系,提高煤柱内部稳定塑性极限承载区的宽度与承载能力,提高煤柱的残余强度,实现煤柱的小变形和稳定。

5.2.2　锚杆支护对中性面位置与宽度的影响

对于不同煤柱宽度下锚杆支护对小煤柱中性面的位置与宽度变化影响规律进行数值模拟研究。支护后煤柱内中性面变化如图 5-1 所示。根据图 5-1 所示的模拟结果可见:施加锚杆支护后,中性面的位置由无支护时的偏向采空区侧,转向锚杆支护后向靠近巷道侧移动。支护后煤柱内中性面位置变化具体情况如表 5-1 所示。

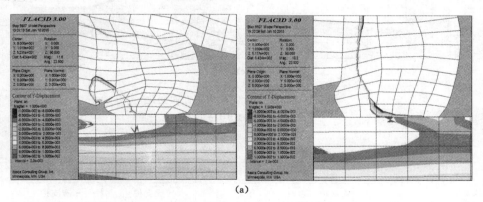

(a)

图 5-1(A)　支护后煤柱内中性面变化

(a) $D=6$ m

锚杆长度到达中性面后,由于双侧反向应力沿杆体传递相互作用,对小煤柱中锚固区破碎煤体进行强化,且通过锚杆约束了帮部变形。锚杆支护后,中性面宽度增幅明显,如图 5-2 和图 5-3 所示。煤柱内应力峰值位置从采空区侧向中心移动落入中性面宽度范围内,同时巷道侧煤体内垂直应力普遍增加(增幅约 15%),这说明该侧煤体承载能力有明显提高。中性面中部宽度增大,上下均匀,巷道煤柱帮变形也有明显减小。

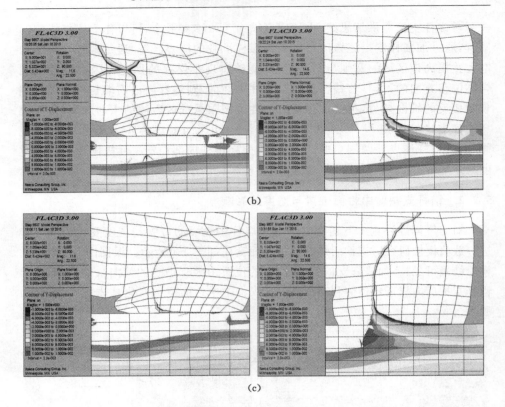

(b)

(c)

图 5-1(B)　支护后煤柱内中性面变化

(b) $D=8$ m；(c) $D=10$ m

表 5-1　　　　　　　　　　　支护后煤柱内中性面位置变化

煤柱尺寸/m	中性面位置/m		中性面宽度/m	
	无支护	有支护	无支护	有支护
3	0.82	0.91	0.15	0.20
4	0.96	1.03	0.15	0.26
5	1.21	1.35	0.19	0.34
6	1.45	1.61	0.20	0.59
7	1.69	1.94	0.22	0.77
8	2.00	2.22	0.53	0.88
9	2.34	2.53	0.82	1.14
10	2.51	2.69	1.23	1.50
11	2.74	2.96	1.73	2.17
12	3.04	3.33	2.49	2.85
14	3.40	3.70	3.12	3.55
16	3.69	4.00	3.89	4.12

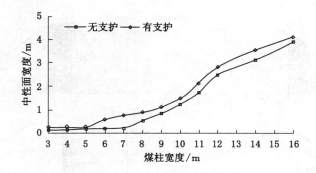

图 5-2　中性面宽度随煤柱尺寸增加变化

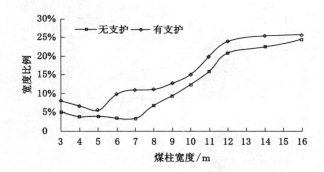

图 5-3　支护后中性面宽度随煤柱尺寸变化

支护前后煤柱中性面变化主要体现在 5～7 m 煤柱,其机理在于煤柱宽度较小时(3～4 m 时),煤柱完全破碎,变形对应力变化极为敏感,锚杆支护不能可靠锚固,增加支护并不能提高煤柱中性面宽度;煤柱宽度为 5～7 m 时,煤柱内部有一定稳定承载区域,但容易受煤柱强度影响,施加支护提高煤柱强度则中性面变化幅度较大;煤柱宽度为 8～12 m 时,煤柱内部中性面宽度基本稳定,施加支护对内部影响较小。

5.2.3　锚杆支护对煤柱承载能力的提高

分别选取煤柱宽度为 6 m、8 m、10 m 时,中性面区域(图 5-4 中灰黑色部分)和锚杆支护区域(图 5-4 中斜线阴影部分,中性面至巷道表面范围内)进行载荷积分计算,得出煤柱的承载能力计算公式为:

$$P = \int_0^B f(x)\,\mathrm{d}x \tag{5-1}$$

$$\sigma_x = f(x) \tag{5-2}$$

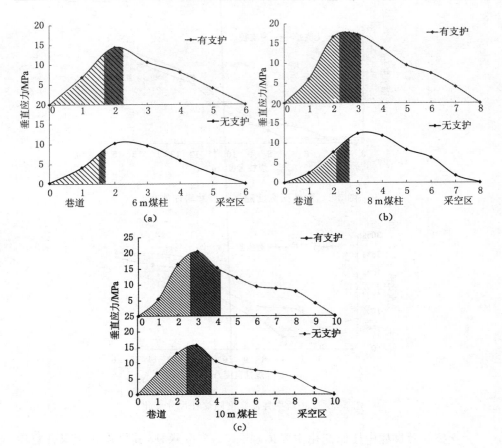

图 5-4　支护前后煤柱承载能力对比

(a) 煤柱宽度为 6 m；(b) 煤柱宽度为 8 m；(c) 煤柱宽度为 10 m

式中　P——煤柱的承载能力，kN；

$\quad\quad x$——煤柱内任意一点到表面的距离，m；

$\quad\quad B$——煤柱宽度，m；

$\quad\quad \sigma_x$——煤柱内 x 处的垂直应力，MPa。

由式(5-1)和式(5-2)分别得到：煤柱宽度为 6 m 时，无支护条件下中性面区域承载能力为 1.61 kN，施加支护后其增至 8.22 kN，锚固区的承载能力为 17.46 kN；煤柱宽度为 8 m 时，无支护条件下中性面区域承载能力为 4.96 kN，施加支护后其增至 15.53 kN，锚固区的承载能力为 33.66 kN。支护前后煤柱承载能力及增幅随尺寸变化如图 5-5 和图 5-6 所示。支护后煤柱承载能力变化具体情况如表 5-2 所示。

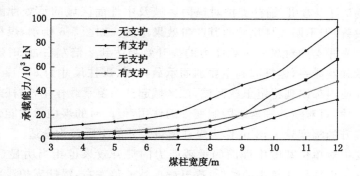

图 5-5　支护前后不同尺寸煤柱承载能力对比

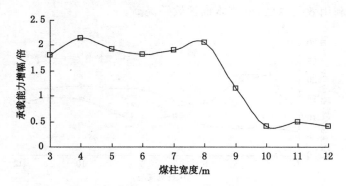

图 5-6　支护后不同宽度煤柱承载能力增幅

表 5-2　　　　　　　　　支护后煤柱承载能力变化

煤柱尺寸/m	锚固区承载能力/10³kN		中性面承载能力/10³kN	
	无支护	有支护	无支护	有支护
3	3.67	10.26	0.98	4.97
4	3.94	12.37	1.14	5.66
5	5.01	14.61	1.37	6.67
6	6.19	17.46	1.61	8.22
7	7.78	22.56	2.32	11.43
8	10.98	33.66	4.96	15.53
9	20.85	44.99	9.55	20.32
10	38.22	53.85	18.15	27.54
11	49.64	73.93	26.49	38.59
12	66.77	93.64	33.57	48.34

从图 5-5 可以看出,锚杆支护对锚固区域及中性面区域的承载性能均有较为明显的改善,但不同煤柱尺寸时其改善效果不同。如图 5-6 所示,煤柱尺寸为 3～8 m 时,锚杆支护对煤柱承载能力的提升效果达到 2 倍左右,此时煤柱强度丧失致使承载性能差,锚杆起到主要加固承载作用;煤柱尺寸为 8～12 m 时,煤柱宽度增加使内部出现稳定承载区域,该区域起到主要承载作用,锚杆的长度远小于煤柱尺寸,只对浅部围岩起限制变形的作用,但此时的煤柱承载能力随煤柱尺寸增加提升的幅度较大,8 m 作为煤柱留设尺寸的下限较为合适。

锚杆支护对单位宽度中性面的承载能力的提升效果也相当明显(如图 5-7 所示),尤其是煤柱尺寸较小的时候,提升幅度达 4 倍左右,锚杆支护浅部围岩区域优化深部煤体承载环境。煤柱尺寸增大后,由锚杆主要承载转变为煤柱内部承载,锚杆利用效果降低,但整体维护效果提高。

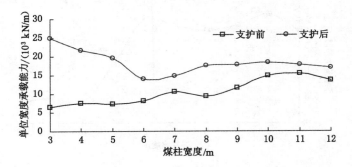

图 5-7　支护后单位宽度中性面承载能力增加

5.2.4　锚杆支护可靠性分析

锚杆位置及其延伸率与围岩变形之间的关系如图 5-8 所示。若锚杆可靠锚固,锚杆与围岩之间没有滑移,则锚杆中的拉应变为:

$$\varepsilon_m = \frac{A_1}{L}\left(\frac{1}{a^\beta} - \frac{1}{(a+L)^\beta}\right) - \frac{A_2}{\beta+1} \tag{5-3}$$

其中,

$$A_1 = \frac{2B_0}{\beta+1}R^{\alpha+1}(a+L_b)^{\beta-\alpha} \tag{5-4}$$

$$A_2 = \frac{2B_0}{\alpha+1}\left(\frac{R}{a+L_b}\right)^{\alpha+1}(\beta-\alpha) + \frac{\alpha-1}{\alpha+1}B_0(\beta+1) \tag{5-5}$$

$$B_0 = \frac{1}{2G}(P_0\sin\varphi + C\cos\varphi) \tag{5-6}$$

式中　P_0——原岩应力，10 MPa；

　　　R——巷道两帮塑性区半径，8 m；

　　　C——岩体的内聚力，2.8 MPa；

　　　φ——岩体的内摩擦角，34°；

　　　G——岩体的剪切模量，2.1 GPa；

　　　a——巷道半径，2 m；

　　　L——锚杆长度，3 m；

　　　α——原岩体破坏后的塑性扩容系数，2；

　　　β——锚固体破坏后的塑性扩容系数，1.5。

将上述参数带入式(5-3)得出，支护后锚杆的拉应变为 $\varepsilon_m = 0.0515$ ，即延伸率为5.15％。通过数值模拟计算得出，煤柱宽度为 6 m 时施加支护后，锚杆锚固体生根点至表面托盘的最大变形量为 130.7 mm，变形集中在中性面至煤柱表面的区域，该区域内锚杆的长度为 2.70 m，则锚杆的延伸率为4.84％，与理论计算得出的结果基本一致。而矿用等强螺纹钢锚杆的延伸率不小于16％，且有 4.84％＜16％，则锚杆支护的延伸率能够满足锚杆-围岩变形要求。锚杆延伸率与围岩变形关系如图5-8所示。

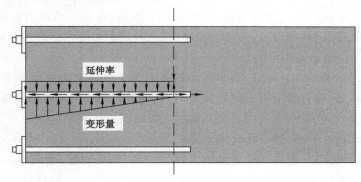

图 5-8　锚杆延伸率与围岩变形关系

5.3　煤帮锚杆支护强化技术

综放沿空掘巷实体煤帮完整性较窄煤柱帮好，但其应力水平明显高于窄煤柱帮。这意味着：一方面围岩承载能力大，另一方面围岩压力也大，因而实体煤帮位移量较大。实体煤帮是顶煤的主要承载体，如果实体煤帮发生较大变形，其承载能力过度降低，则会造成顶煤实际跨度增大、稳定性降低，危及巷道安全，因而,实体煤帮支护也不能忽视。

5.3.1 改善浅部围岩应力状态

在较低围压下测试破裂岩石力学性能是针对巷道周边围岩特殊的赋存状态而进行的,巷道周边围岩处于围岩应力调整后的降低区和支护所能提供的低围压作用下的破坏状态,破坏后的承载能力对围压的变化十分敏感,并随围压的增加而迅速提高。

（1）改善围岩应力状态以提高承载性能

围岩的稳定性既取决于围岩的完整性和岩体强度,又取决于其所处的应力状态。根据岩石力学试验结果,任何岩石在三向应力状态下的强度高于二向应力状态或单向应力状态下的强度;当围岩处于三向应力状态时,随着侧向压力增大,其峰值强度和残余强度都会得到提高,并且峰值以后的应力-应变曲线由应变软化逐渐向应变硬化过渡,岩石由脆性向延性转化。因此,要维护巷道的稳定,首先必须在巷道开挖后尽快恢复和改善围岩的应力状态,将巷道开挖后因二次应力调整形成的二向应力状态恢复到三向应力状态。改善和恢复应力状态的措施越及时,围岩破裂扩展的程度越轻,围岩的完整性保持得越好,围岩越稳定;巷道自由面上的压应力恢复得越高,围岩强度越高,自我承载能力越高,围岩越稳定。这就要求巷道开挖后必须立即支护,而且支护力必须达到足够的量值。

（2）锚杆预紧力的作用

如果在安装锚杆的同时,立即施加足够的预紧力。这不仅消除了锚杆构件的初始滑移量,而且给围岩一定的预紧力,使得锚杆和锚固岩体相互作用而形成统一的承载结构（预应力锚固结构）,从而大大提高岩体的抗拉能力。

在无锚杆支护时,巷道周边围岩处于二向受压状态,可知 $\sigma_3 = 0$,当 $\sigma_1 = R$ 时,巷道围岩便发生破坏。巷道掘出后,通常利用锚杆支护,当间排距合适的锚杆沿巷道全断面安装后,就会在巷道周围形成连续的均匀压缩拱（即承载的组合拱）。

这时巷道围岩由二向应力状态转变成三向应力状态,此时围岩达到破坏状态时,周边承受的最大应力将从 σ_1 提高到 σ_1'（见图 5-9）。

根据岩石破坏时 Mohr-Coulomb 准则可以算出 σ_1'：

$$\sigma_1' = R + \tan^2(\frac{\varphi}{2} + 45°)\sigma_1 \tag{5-7}$$

可见如果给锚杆施加适当的预紧力,使得巷道围岩由二向应力状态转变成三向应力状态,可以大大提高锚固围岩的承载能力。

破碎围岩、大变形巷道的支护研究表明,支护阻力与支护体的可缩让压应统

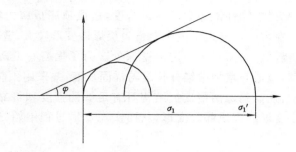

图 5-9　摩尔-库仑屈服准则

一,即大变形巷道的支护体是在高阻力的基础上可缩让压,强调一方面而忽视另一方面,必然导致巷道围岩失稳。在巷道变形初期,较大的预紧力可以有效地控制浅部围岩破裂发展,保证锚固体具备较大的支护强度,从而对外部围岩起到承载作用;实现锚杆支护的高阻力特点;同时,锚杆具有较大的延伸率,在高阻力作用时,可以伸长使锚固体发生大变形而保持较大的支护阻力,对外部围岩起到可缩、让压作用。

（3）浅部强化的措施

以树脂药卷作锚固剂的高强、超高强锚杆支护应属于目前最能符合以上要求的支护形式。快速固化的树脂药卷能在最短的时间内提供黏结力,高强杆体能够提供足够高的锚固力,能在最短的时间内使围岩恢复到有利于稳定的三向应力状态,而且较大的轴向刚度限制了围岩张开变形;同时,高强锚杆具有足够的抗剪强度与抗剪刚度,能有效阻止围岩内部的剪切变形与剪切滑动,提高围岩体自身的峰值强度、残余强度、黏聚力和内摩擦角。

巷道自由面附近的三个主应力分别与巷道轴线、巷道自由面法线和巷道自由面切线平行。一般情况下,沿巷道自由面切线方向的主应力为最大主应力,沿自由面法线方向的主应力为最小主应力(等于 0)当二次应力接近岩体强度时,围岩内部形成两组正交的潜在滑移面。潜在滑移面与巷道自由面的法线方向通常呈 $\pm 45°$,因此不同的锚杆布置方式对围岩支护的效果有很大差别,当锚固体厚度相同时,锚杆与滑移面呈 $\pm 22.5°$ 布置的支护效果最佳。所以,选择适当的锚杆布置方式对围岩稳定也是至关重要的。

5.3.2　深浅部围岩协同变形机制

预应力锚杆控制围岩理论,突出强调支护结构整体抗变形能力,要求支护结构具有合理的抗变形刚度与强度及变形过程中支护的可靠性。回采巷道两帮一般为煤体,其强度低、完整性差,是巷道围岩变形的突破口,易诱发巷道的变形破坏。当两帮维护失控,隐性地加大了巷道跨度,造成顶底板应力集中,表现为顶板下沉坠网等。在大变形巷道中由于巷道表层煤体变形较大,造成锚固损伤,可靠性急剧降低,锚固段必需置于一定煤壁深处。为了提高巷道两帮的锚固区域宽度和整体强度,应适当增加帮锚杆长度与锚固长度,并采用预应力桁架或斜拉锚索梁加强支护,从而确保两帮支护结构具有足够的强度和可靠性。只有这样才能利用深部小变形约束浅部大变形,从而实现变形过程中始终具有可靠的支护结构。

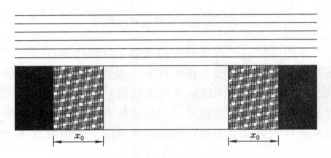

图 5-10 巷道两帮极限平衡区

如图 5-10 所示,根据弹塑性力学和极限平衡理论,巷帮极限平衡区的宽度 R,及其深入煤壁内的深度 x_0 可用下式计算:

$$R = a\left[\frac{(\gamma H + C\cot\varphi)(1-\sin\varphi)}{P_i + C\cot\varphi}\right]^{\frac{1-2\sin\varphi}{2\sin\varphi}} \tag{5-8}$$

$$X_0 = R - a = a\left\{\left[\frac{(\gamma H + C\cot\varphi)(1-\sin\varphi)}{P_i + C\cot\varphi}\right]^{\frac{1-2\sin\varphi}{2\sin\varphi}} - 1\right\} \tag{5-9}$$

式中 R——极限平衡区宽度,m;

a——巷道的特征半径,m;

γ——岩层容重,kN/m³;

H——埋深,m;

C——黏聚力,MPa;

φ——内摩擦角,(°);

P_i——支护阻力,MPa。

5.3.3 关键部位锚索梁强化技术

软岩等大变形岩土工程的失稳机制表明,其失稳是一个渐进过程,总是先从一个或几个部位首先发生变形破坏,而后逐渐扩展至整个岩土工程失稳。由于构造应力的方向性、岩体赋存的不均匀性和分层性,巷道周围总会存在一些薄弱部位,这些薄弱部位在围岩发生大变形时总是应力集中、能量不协调的得突破口,极易造成变形破坏。因而大变形岩土工程的设计必须保证整个支护结构的整体性,实现全面的受控变形,而不能仅靠增加支护强度来实现。大变形岩土工程的核心问题是加强关键部位支护从而提高变形稳定性,保证支护成功。

（1）小孔径预拉力短锚索

由于受到支护工艺及支护性能的制约,锚索长度的增加是很有限的,不可能通过不受限制地增加锚索的长度来寻求坚实稳定的锚固岩层。而且,在锚索预应力水平一定的条件下,锚索越长,锚索预应力的作用越不明显,主动支护性越差。实验表明,当锚索作用范围超过 6 m 以上时对作用范围中间部分岩体的作用已非常小,因而难以从根本上控制顶板的离层和破坏。因此,当预应力一定时,短锚索的主动支护作用优于长锚索;锚索越长,施加的预应力应越大,才能充分发挥锚索的支护作用;通过提高锚索的预应力,可适当减少锚索长度;根据目前锚索预应力水平（80～150 kN）,锚索不宜过长,选择在 4～6 m 比较合理。

小孔径预拉力锚索由高强度预应力钢绞线、专用托盘、锁具和锚固剂组成,其中钢绞线内锚固段需安设毛刺和挡环,以满足搅拌树脂和锚固要求,锚索主要在复杂困难条件下作为加强支护用。

该种支护方式具有如下优点:

① 钻眼施工机具、锚固材料及搅拌方式沿用树脂锚杆相关技术,较传统的锚索大大简化了施工难度。

② 钢绞线具有柔性,因而长度可以适当加长,锚固深度大大提高,可以将 6～9 m 以内的下部不稳定岩层锚固到上部稳定的岩层中,而目前的锚杆长度难以超过巷道高度。

③ 专用设备施加预拉力,预拉力大小随意可调,可以及时主动支护围岩,而锚杆预拉力受钻机扭矩限制,目前不超过 20～30 kN。

锚杆和锚索联合支护解决了大量的煤巷支护技术难题,已作为经验在现场推广应用,并成为解决复杂条件的基本形式。但现场实践表明,其存在如下一些问题:

① 由于外端头受力不均,与围岩点接触,软弱岩体受点载荷时,顶板强化效果不明显。

② 抗变形性能差,和锚杆承载不同步,易超前锚杆集中受力。

③ 实测钢绞线破断力一般为 180～230 kN,而目前使用的等强型螺纹钢锚杆破断力为 170～195 kN,强度区别不明显。

④ 内锚固端的三径匹配不合理,锚固点位置常常内移,锚固性能不可靠。

特别时当锚索作用范围超过 5 m 以后,以目前的初张力水平对中间部分岩体的作用已非常小。

由此引入短锚索加强支护的概念。其具体内容包括如下几点:

① 锚索长度控制在 4～6 m 的有效加固范围内。

② 预张力控制在 60～80 kN 范围内,以保持和锚杆预拉力匹配,并克服刚度低的缺陷。

③ 加强内锚固端处理,提高锚固性能。

(2) 锚索梁强化技术

与单体锚索相比,组合锚索通过拉紧钢绞线使锚索梁与帮部形成面接触,作用范围大,浅部松散破碎围岩受力状态好;而单体锚索与顶板围岩是点接触,外端岩层易破碎,并导致锚索松动。

如图 5-11 所示,将锚索梁应用于帮部,支护时以顶底角为锚固点,桁架产生的均布竖直方向的载荷,形成"梁"结构,以煤帮深部稳定围岩的小变形控制巷道外部的大变形,解决煤巷帮部变形大的技术难题。

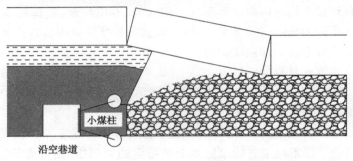

图 5-11　帮部竖向桁架锚索

5.3.4　煤帮锚杆强化效果数值分析

对沿空巷道围岩施加锚杆支护后,通过增强围岩力学参数提高其自承能力,不仅改善围岩的应力环境,还能限制围岩的表面位移。

(1) 垂直方向

无支护状态的沿空巷道围岩经历了上工作面侧向压力和掘巷的影响,围岩破碎对应力扰动敏感。在本工作面采动时,煤柱帮在超前压力影响下剧烈变形失稳,巷道侧的大水平变形使得煤柱内部煤体向巷道自由空间移动,承载能力的降低和变形限制的弱化使得顶板继续下沉。此时,煤柱不具备承载能力,也不存在应力集中。而实体煤侧应力集中以实体帮变形为突破口向浅部围岩移动,在靠近壁面的范围内,应力集中现象较为明显,垂直应力的增加梯度较大,巷道应力环境极为恶化。顶板的不承载使得顶板载荷向实体侧转移。

沿空巷道的掘出一定程度上缓解了煤柱内垂直应力的承载,新掘出的巷道施加支护后,煤体围岩的强度得到强化,尤其是浅部围岩的强化效果明显。由侧向压力的分布规律决定了煤柱承受的顶部载荷要小于实体煤帮,但煤柱的特殊位置和围岩条件决定了其在沿空巷道围岩控制中的关键性地位。对煤柱施加支护不仅控制了围岩变形,而且避免了顶板结构被扰动,顶部应力环境较无支护时更稳定,顶板和实体侧应力分布不受多余动载影响。表面的变形被控制,围岩中的弹性能向深部转移,巷道周边应力集中程度及范围大大降低。

如图 5-12 所示,巷道在施加支护后,浅部围岩应力数值较小,分布范围变小,应力集中情况有一定的缓解;深部应力增加速度减缓,峰值变小。围岩应力环境得到极大改善。

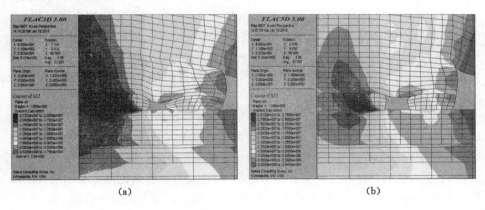

(a) (b)

图 5-12　支护后垂直应力演化云图
(a) 无支护;(b) 有支护

如图 5-13 所示,沿空巷道围岩的变形不可避免,其中表现较为明显的是煤柱帮的鼓出。可以看出,锚杆支护对围岩表面位移的限制效果是十分突出的。从应力环境可以分析出无支护时,煤柱过大的变形导致顶部结构活化对顶板和实体帮变形的影响。

(2) 水平方向

巷道两侧煤柱及实体煤内部水平应力产生的来源不同,实体煤内部的水平应力是地层赋存和地质构造产生,存在于原岩内的水平应力;煤柱内的原岩水平应力被沿空巷道阻断了连续分布而形成独立的应力环境,若煤柱不变形则可以认为煤柱内不存在导致水平位移的水平应力,但煤柱受顶部载荷,而且竖向的变

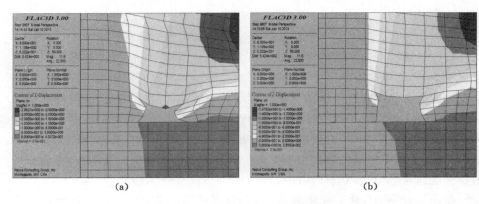

图 5-13　支护后竖直位移演化云图

(a) 无支护；(b) 有支护

形空间被顶板和底板约束，产生的裂隙和弱面使煤柱的变形为两侧中间鼓出，表现出水平应力的作用，该水平应力是煤柱受压产生，与实体煤内部的水平应力有质的区别。从来源可以推断出，实体煤内部的水平应力一直存在，应力数值较大，但受内部煤体影响在实体帮显现不明显，而煤柱内的水平应力虽然较小但由于煤体的松散破碎则显现更为明显。

如图 5-14 和图 5-15 所示，煤柱内的水平应力小于实体煤内的水平应力，但表现出的影响更为明显。无支护时，煤柱变形虽然较大但裂隙过于丰富，水平应力连续分布受影响而表现出较小的峰值；而施加锚杆支护，结合了让压和承载两者的特点，水平应力显现虽然被锚杆支护阻力限制，但连续分布使其仍能表现出较大的峰值。实体煤侧的水平应力显现被变形限制，在浅部出现较大的显现区域。

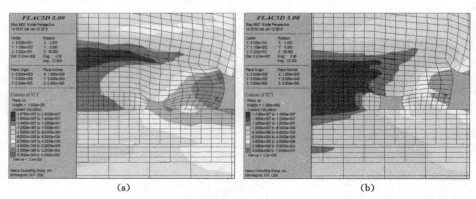

图 5-14　支护后水平应力演化云图

(a) 无支护；(b) 有支护

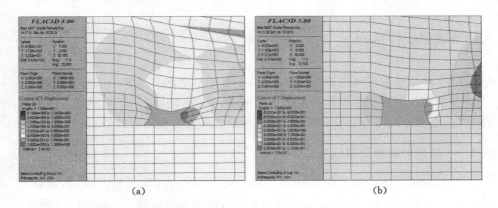

图 5-15　支护后水平位移演化云图

（a）无支护；（b）有支护

（3）塑性区演化

从围岩的位移和应力环境可以看出巷道周围变形破坏区域的发育程度。由于煤柱已经离过塑性变形，因此锚杆支护对围岩的强化主要体现在实体煤侧。从图 5-16 可以看出，支护后，围岩松动圈变小，承担应力范围变大，高应力集中现象得到削弱。煤柱承载能力的提升使得顶板结构不产生二次影响，因此顶板区域的塑性区范围被极大限制。

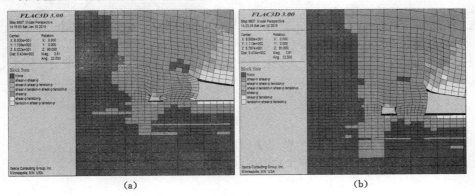

图 5-16　支护后塑性区演化云图

（a）无支护；（b）有支护

5.4　整体滑移型底鼓限制技术

沿空巷道底鼓破坏主要有两种形式：一种是巷道底角的煤岩层整体断裂；另一种是中部软弱岩层的破碎向中部弱限制空间滑移，引起上部薄硬层弯曲并发生断裂，底板中部不存在支护限制，底板在断裂后发生快速底鼓。

5.4.1　锚杆对底板岩梁的强化作用

巷道底板岩体一般为性质软弱的泥岩或砂质泥岩，承载能力低，抗弯强度小。底板层状特征明显，其简化力学模型可用层状复合板表示，如图 5-17 所示。受垂直压力下位岩层产生反力，由于层间黏聚力较小，在反力作用下会产生离层和滑移。安装锚杆，并施加强预紧力，将分离的岩层组合在一起，明显地提高了锚固区内岩体的强度，改善了岩体的力学性能（岩体的弹性模量、抗弯强度等参数显著提升）。

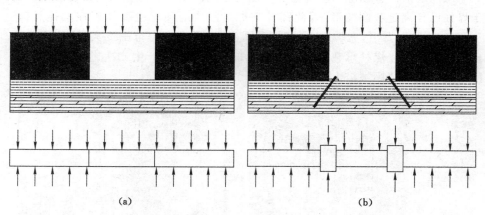

图 5-17　巷道底板岩层强化模型
(a) 无锚杆支护；(b) 有锚杆支护

5.4.2　锚杆对底板层间滑移的限制作用

对沿空巷道底板施加高预紧力锚杆支护可以有效提高岩层层间的法向压力，增加摩擦力抵抗煤柱变形产生的水平力，阻止软弱层沿层面的滑移；同时，锚杆穿过岩层，由于自身材质的高强度，可有效缩小巷道底角处的变形空间，消除裂隙的发育与扩展。如图 5-18 所示，锚杆对底板岩层滑移的限制作用主要体现在以下方面。

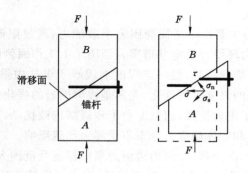

图 5-18　锚杆抗剪切作用

（1）锚杆的楔入作用——固定支护处的岩层

施加锚杆支护后,底板软弱层的滑移变形就必须克服锚杆的限制,锚杆的存在使得两侧滑移变形独立,煤柱变形催生的滑移对中部滑移变形的促进作用被截断。软弱层中央失去了强水平力的作用,变形大幅降低。

（2）锚杆的预紧作用——挤压竖向变形空间

锚杆预紧力通过锚固段将硬层和软弱层挤压在一起,法向压力的增加使得层间摩擦阻力得到加强,抵消了水平力对岩层的作用。若在底板有一定变形的时候施加锚杆支护,则锚杆的预紧力可使得发育的裂隙闭合,增加层间摩擦系数,限制了竖向鼓起的空间。

（3）锚杆作用范围叠加——形成整体效应

等间距施工锚杆,使其加固范围有一定程度的重合,形成锚杆群的整体效应,就会在巷道底板两侧各出现一条加固带,限制底板变形。

5.5　本章小结

（1）针对小煤柱沿空巷道的变形特征及维护要求,总结了围岩稳定性控制原理:提高小煤柱承载能力,优化沿空巷道围岩力学环境;限制煤柱变形诱发的水平力作用,降低底板变形;选择合理的支护形式,满足围岩变形要求的同时发挥最大的承载作用。

（2）通过研究小煤柱内部变形规律,提出了基于零位移面即中性面的锚网控制技术。借助于小煤柱中性面两侧煤体特殊的相对位移规律,通过锚杆使煤柱两侧变形产生联系,提高煤柱内部稳定塑性极限承载区的宽度与承载能力,提高煤柱的残余强度,实现了全塑性区小煤柱稳定性控制,该技术为小煤柱的支护设计提供了科学依据。

（3）锚杆支护的主要作用是提高围岩承载能力，通过限制小煤柱的大变形优化整体围岩的应力环境。沿空巷道围岩经历了上工作面侧向压力和掘巷的影响，围岩破碎对应力扰动敏感，但一定程度上缓解了煤柱内垂直应力的承载，锚杆支护后，煤体围岩的强度得到强化，尤其是浅部围岩的强化效果明显。对煤柱施加支护不仅控制了围岩变形，而且避免了顶板结构被扰动，顶部应力环境较无支护时更稳定，顶板和实体侧应力分布不受多余动载影响。表面的变形被控制，围岩中的弹性能向深部转移，巷道周边应力集中程度及范围大大降低。

（4）针对小煤柱沿空巷道底板变形特征，提出了底鼓治理技术：在巷道底角施加锚杆支护，一方面通过锚杆预紧力将不同岩层组合在一起，提高岩梁两端的抗弯强度，为限制自由空间的底板变形提供了基础；另一方面在岩体内形成锚固区，调动深部围岩的强度和稳定性，限制浅部软弱围岩破裂滑移，提高了锚固区岩层层面抵抗剪切滑移的能力，削弱煤柱侧向变形水平剪切力的影响。

第6章　综放小煤柱沿空掘巷支护工程实践

6.1　工程地质概况

6.1.1　工作面概况

　　10-704 工作面位于 10# 煤七采区。其北部为 10-703 综放工作面,南部为双叶则村保安煤柱,西部为已回采的 10-702 综放工作面,东部为未施工的 10-706 综放工作面,如图 6-1 所示。工作面上部为原老矿 5# 煤采空区及 5 上-104 工作面,5# 煤层与 10# 煤层层间距约为 55 m,开采年限为 1968 年~2005 年。地面标高为 +1 213~+1 311 m,工作面标高为 +878~+990 m。

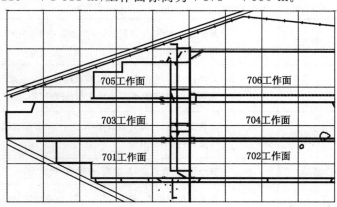

图 6-1　七采区工作面位置关系

　　地表上部为庞庞塔旧矿,东部为李家圪凹沟,南部为双叶则村。由于西部为庞庞塔旧矿区,地表以侵蚀性黄土梁峁为主,其次为黄土沟谷地貌中的冲沟,大部分为黄土覆盖,多为农田和荒地。盖山厚度为:+223~+321 m,基岩厚度为:205~309 m,黄土层厚度为:40~181 m。工作面回采后,会对地面产生一定的影响,地面出现不同程度的塌陷、裂缝区域,陡坎处有不同程度的滑坡危险。

6.1.2 煤层赋存特征

（1）10-704 工作面赋存特征

10-704 工作面所采 10# 煤层节理发育，煤层结构复杂，煤层中部夹三层碳质泥岩（0.3～0.7 m），夹矸总厚度约为 1.3 m，岩性多数为碳质泥岩。煤层厚度变化不大，属较稳定煤层。704 工作面概况如表 6-1 所示。

表 6-1   704 工作面概况

走向长 /m	倾斜长 /m	面积 /m²	煤厚 /m	容重 /(t/m³)	储量 111b /t	回采率 /%	可采储量 111 /t
2 076	185	384 060	11.8	1.41	6 389 990	85	5 248 348

（2）10-704 煤层顶底板岩层性质

10-704 煤层顶底板岩性如表 6-2 所示。煤层地质钻孔柱状图如图 6-2 所示。

表 6-2   煤层顶底板岩性

顶板名称	顶底岩性	厚度/m	岩性特征
基本顶	砂岩	8.71	灰黑色砂质泥岩，薄层状，夹粉砂岩条带，半坚硬，含植物碎屑化石
直接顶	泥岩灰岩	6.69	灰色，性脆，钙质不均，不规则裂隙及斜交裂隙发育，大部分充填方解石，含贝壳等动物化石；分布不均，夹泥灰岩薄层
伪顶	碳质泥岩	0.5	黑色炭质泥岩，加亮型条带，比重小、半坚硬，性脆，中部夹有少量黑色、半亮型煤
直接底	泥岩	1.89	灰色泥岩，含铝质，具滑面，有滑感，块状
老底	细粒砂岩	2	浅灰色细粒砂岩，中厚层状，石英、岩屑为主，分选中等，泥质等胶结，坚硬及半坚硬，脉状层理，斜交裂隙发育；未充填

6.1.3 地质构造情况

据掘进资料（表 6-3），该面掘进中揭露断层 6 条、陷落柱 1 个，其中 F3、F6、陷落柱对回采有很大的影响，在回采期间必须加强对顶板的管理，预计在回采中还将有小断层出现。

岩层名称	厚度/m	柱状	岩性描述
泥岩	4.50		灰黑色泥岩，薄层状，半坚硬，具滑面，含植物根茎化石，夹粉砂岩条带，局部破碎严重。
砂质泥岩	5.08		灰黑色砂质泥岩，中厚层状，水平层理，局部含菱铁质核核，夹粉砂岩条带及泥岩薄层，含植物化石。
泥岩	13.90		灰黑色泥岩，块状，含菱铁质结核，局部含砂质，夹砂质泥岩及粉砂岩条带及薄层，含植物化石及炭化体。
泥岩	2.10		灰黑色泥岩，性脆，斜交裂隙发育，含方解石薄膜，含贝壳等动物碎屑化石。
L4石灰岩	4.40		深灰色石灰岩，隐晶质结构，滴稀盐酸剧烈起泡，坚硬，斜交裂隙发育，大部分充填方解石脉，部分未充填，含丰富贝壳、海百合茎等动物化石。
7煤	0.30		
砂质泥岩	7.70		黑色煤，玻璃光泽为主，亮煤条带与暗煤条带互层产出。
L3石灰岩	1.80		灰黑色砂质泥岩，薄层状，斜交裂隙发育，未充填，含植物根茎化石，夹粉砂岩条带。
砂质泥岩	8.71		深灰色石灰岩，隐晶质，斜交裂隙发育，大部分充填方解石脉，坚硬，含动物贝壳等化石。
			灰黑色砂质泥岩，薄层状，夹粉砂岩条带，半坚硬，含植物碎屑化石。
L1灰岩	6.69		灰色，性脆，钙质步均，不规则裂隙及斜交裂隙发育，大部分充填方解石脉，含贝壳等动物化石；分布不均，夹泥灰岩薄层。
10煤	11.8		黑色煤，玻璃光泽及沥青光泽，夹暗条带及薄层，半亮型煤，结构：4.5（0.3）1.8（0.3）2.8（0.7）1.40，夹矸未泥岩。
			浅灰色细粒砂岩，中厚层状，石英、岩屑为主，分选中等，泥质等胶结，坚硬及半坚硬，脉状层理，斜交裂隙发育，未充填。
泥岩	1.89		灰色泥岩，含铝质，具滑面，有滑感，块状。
细粒砂岩	2.00		灰黑色砂质泥岩，夹粉砂岩条带，含黄铁矿结核，斜交裂隙造成岩芯破碎不完整，含少量植物化石。
砂质泥岩	3.01		黑色煤，粉末状。
11煤	0.60		灰黑色泥岩，半坚硬，具滑面，含少量不规则状黄铁矿结核。
泥岩	3.00		
粉砂岩	3.96		灰黑色粉砂岩，厚层状，含云母片，含黄铁矿结核，含泥质，水平层理发育，斜交裂隙发育，未充填。

图 6-2　煤层地质钻孔柱状图

表 6-3   10-704 工作面地质构造

构造名称	性质	走向/(°)	倾向/(°)	倾角/(°)	落差/m	对回采影响程度
F1	正断层	NE47	333	63	2.6	对回采影响不大
F2	正断层	NE18	72	80	2.4	对回采影响不大
F3	正断层	SW28	118	70	7.5	对回采有很大影响
F4	正断层	SW15	105	80	2	对回采影响不大
F5	正断层	NE26	296	70	2.2	对回采影响不大
F6	正断层	NE17	107	50	8.5	对回采有很大影响
构造名称	长轴/m			短轴/m		对回采有很大影响
X4	47			32.4		

6.1.4 水文地质情况

（1）顶板含水层

① 太原组灰岩裂隙水

工作面开采 $10^\#$ 煤层，$10^\#$ 煤层顶板主要含水层为石炭系上统太原组灰岩岩溶裂隙含水岩组，该含水岩组由 L1、L2、L3、L4、L5 五层灰岩组成，全区分布，位于 $10^\#$ 煤之上，致密坚硬，块状，节理裂隙发育。

② 老空水

工作面上部为原老矿 $5^\#$ 煤采空区及 5 上-104 工作面，$5^\#$ 煤层与 $10^\#$ 煤层层间距约为 55 m，开采年限为 1968 年～2005 年。

（2）底板含水层

底板主要含水层为奥灰水，从施工的水文钻孔资料分析（O2 静水位标高为 $+784～+875$ m），奥陶系顶面到 $10^\#$ 煤底板之间厚 45～75 m，岩性主要为泥质岩类，夹不稳定的薄层砂岩和灰岩，具有较好的隔水性能，对奥灰水可起到隔水作用。该工作面最低标高为 $+878$ m，不存在底板突水的危险。

正常涌水量为 30～50 m^3/h，最大涌水量为 100～120 m^3/h。

6.1.5 采煤方法

采用一次采全高综采放顶煤走向长壁采煤法。根据煤层赋存情况、巷道掘进高度及采煤机与支架的配套关系，确定工作面采高为 3.0 m。回采时，以第 2 层夹矸标志层作为工作面顶板。这样一方面在保证采高的前提下留设一定厚度的底煤 100～300 mm，防止割破砂质泥岩，造成底鼓或支架钻底给生产带来不利影响；另一方面保证有足够的顶煤厚度，使采放比合理，减少丢煤。采煤工艺参数为:机采高度 3.0 m,放顶煤厚度 8.8 m,单向割煤,一采一放,采用单轮顺序放煤方式,采放比 1∶2.93,割煤步距 0.8 m,放煤步距 0.8 m。

6.2　巷道布置及维护情况

10-704 工作面巷道布置图如图 6-3 所示。

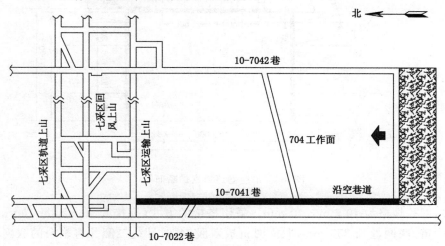

图 6-3　10-704 工作面巷道布置图

6.2.1　巷道位置与原支护参数

沿空巷道原支护断面如图 6-4 所示。正巷为矩形断面,巷道毛宽 5.2 m,净宽 5.0 m,巷中毛高 3.6 m,净高 3.5 m。巷道采用锚网+W 钢带+锚索支护,顶部选用 ϕ22 mm×2 500 mm 左旋螺纹钢高强锚杆,帮部选用 ϕ20 mm×2 000 mm 左旋螺纹钢高强锚杆,锚杆间距 800 mm、排距 800 mm;顶部每 3.2 m 布置一组 ϕ21.8 mm×12 300 mm 锚索,一组三根。

(1)锚杆支护

顶锚杆选用 ϕ22 mm×2 400 mm 的左旋螺纹钢高强锚杆,采用"6×6"布置,间距 1 000 mm,排距 1 000 mm;帮锚杆选用 ϕ22 mm×2 400 mm 的左旋螺纹钢高强锚杆,采用"5×5"布置,间距 850 mm,排距 1 000 mm。顶锚杆初锚力不小于 400 N·m,帮锚杆的初锚力不得低于 400 N·m。

(2)铺联网

网采用 10# 铁丝编织的菱形网。菱形网规格为 8 000 mm×1 100 mm(长×

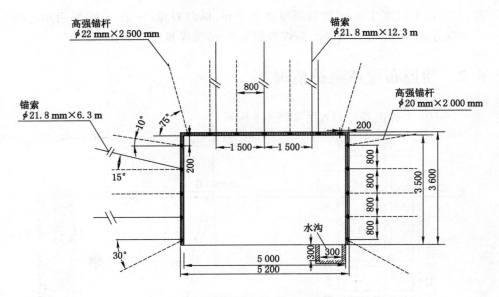

图 6-4　沿空巷道原支护断面图

宽),网孔规格为 40 mm×40 mm。采用搭接的方式(搭接 50 mm),每 100 mm 联一道,联网丝长 250 mm,联网时折成双股,顺时针绕三圈并将剩余的联网丝弯折至顶、帮。

(3) 锚索支护

顶锚索采用单体锚索支护。锚索间、排距为 ϕ1 500 mm×2 000 mm,每组 3 根,距巷道中心线 1.5 m 对称布置。锚索采用 ϕ21.8 mm×10 300 mm 钢绞线 (当顶煤厚度小于 4 m 时,采用 ϕ21.8 mm×6 300 mm 的钢绞线;当顶煤厚度大于等于 4 m 且小于 6 m 时,采用 ϕ21.8 mm×8 300 mm 的钢绞线;当顶煤厚度大于等于 6 m 时,采用 ϕ21.8 mm×10 300 mm 的钢绞线)。用风动锚杆打眼机打眼,钻头直径 28 mm,孔深 10 050 mm、8 050 mm 或 6 050 mm,外露 250 mm。锚索安装采用 2 条 Z2360 型与 1 条 CK2340 型树脂锚固剂,搅拌时间为 30 s,20 min 后上钢托板张拉预紧,预紧力为 255 kN(40 MPa),托板为 300 mm×300 mm×14 mm(长×宽×厚)的钢板。

6.2.2　巷道变形破坏特征

煤质较软,地应力高,且开采强度大,再叠加工作面采动压力影响,导致大量沿空巷道矿压显现剧烈,突出表现为巷道两帮急剧收敛,底板鼓起,如图 6-5 至图 6-7 所示。根据前期调研表明,沿空巷道实体煤帮收敛量达到 1.5 m 以上,两帮局部的收敛变形量可达 2 m 多,底鼓量能够达到 1.5 m,致使巷道断面不能满足正常行人、生产要求,巷道需进行大量的维护。

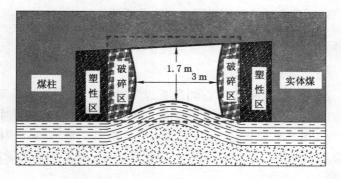

图 6-5　巷道扩刷揭露围岩破坏范围素描图

图 6-6　底板底鼓

图 6-7　刷帮

综采放顶煤小煤柱沿空掘巷由于巷道位置处于侧向残余支承压力峰值附近,小煤柱破碎、煤柱支承作用降低,隐形增加了巷道跨度和悬顶距,导致巷道不仅在掘巷期间围岩强烈变形,而且在经历采动期间巷道断面快速内敛,超前管理段巷道的断面由 5.2 m 快速缩小至 3.7 m,严重影响端头设备向前推移,甚至发生堵架压架事故,成为制约工作面高产高效的瓶颈。

6.2.3　巷道变形破坏因素分析

（1）围岩变形破坏承载能力较低

由于巷道所处围岩（两帮为煤体,顶板为泥岩夹矸,底板为砂质泥岩）松软破碎,其围岩整体力学性能较差,巷道所处岩层的围岩强度较低。同时,因环境因素作用造成煤岩软化和破坏,其实际强度可能会更低。巷道将处于极不稳定状态中,必然会发生极其严重的变形破坏,使巷道显现出明显的高采动影响巷道的变形破坏特征。

（2）巷道原支护结构方式和参数不合理

① 锚杆支护的长度和强度均不够,且难以形成支护的整体性。

② 护表钢带和托盘不匹配,煤体变形大使托盘受垂直于壁面的压力,钢带被剪断导致锚杆之间失去联系。另外,加上施工过程中锚杆预应力不足、支护滞后等因素,巷道关键部位首先发生失稳破坏,进而导致全断面失稳。

③ 锚杆支护未形成有效的主动支护。主动支护与被动支护的区别在于是否主动给围岩施加了预应力。安装锚杆时,给锚杆施加足够的预应力,不但可消除锚杆构件的初始滑移量,而且可为围岩提供一定预应力,从而降低围岩受拉截面的拉应力。

（3）底板和底角未采取有效的控制措施

在回采沿空巷道中,巷道的底板岩层为岩性较差的泥岩或砂质泥岩,而现有支护方案对巷道的底角和底板一直没有采取有效的支护措施。因此当巷道的顶帮压力较大时,巷道底板围岩出现应力集中,使得巷道底板产生显著塑性变形和剪切破坏,出现碎胀、弯曲、流变等变形或破坏,表现出较强的底鼓现象,进而直接影响巷道顶帮的稳定,产生顶板下沉,两帮内挤,造成巷道支护结构的全面失稳破坏。

6.2.4　巷道稳定性控制关键问题

（1）锚杆的预紧力

锚杆的预紧力是控制围岩早期变形和控制松散破碎圈扩展的重要参数,是锚杆支护成为主动支护的关键参数。锚杆的预紧力过小会使围岩发生过大的早期变形,松散破碎圈增大,引起顶板破碎,松散破碎圈扩展最终造成锚杆失效。

（2）锚杆的主动支护强度

锚杆的主动支护强度应不小于 0.10 MPa。在强采动影响的条件下，一旦锚杆施加较大的预应力，锚杆杆体及附件强度必须提高，这就要求单根锚杆的强度加大，同时锚杆的附件也应达到相应的强度。

（3）关键部位的加强

关键部位的加强可采用预应力锚索支护。锚索能有效调动深部围岩的承载能力。锚索安装应力与锚杆安装应力的协同、锚索安装时机与锚杆支护的协同是这项技术的关键。加固帮角在工艺及施工技术上比直接处理底板更易于实现。因此，加固两帮及底角是控制巷道底鼓的关键技术。

6.3　围岩强化方案

6.3.1　锚杆(索)支护参数

（1）锚杆材质

顶板锚杆选择螺纹钢（材质为 20MnSi），因其杆体表面具有凹凸纹理，不需做特殊处理即能够保证锚杆与锚固剂之间具有较高的黏结力，适宜全长或加长锚固。

（2）锚杆直径

为有效地控制巷道围岩变形，锚杆必须给予围岩可靠的支护阻力。一方面，锚杆直径越大，支护阻力和锚杆支护系统刚度越大，对支护越有利；另一方面，需考虑锚杆直径与钻孔孔径的合理匹配，锚孔与锚杆直径相差 6～12 mm 时，锚固力较大。考虑经济因素，钻孔小，成本相应低。结合矿井常用锚杆实际情况，确定锚杆直径为 25 mm。

（3）锚杆长度

锚杆长度是锚杆支护参数中的关键参数之一。针对就巷道支护整体结构而言，锚杆长度太短，在巷道围岩内形成的加固厚度较小，不利于巷道围岩稳定。依据巷道原支护失效特征确定锚杆长度为 2.5 m。

（4）锚杆间排距

锚杆间排距是锚杆支护的关键参数之一。对巷道支护整体结构而言，锚杆间排距过大，巷道围岩内形成的加固厚度较小，甚至不能形成连续的承载结构，难以有效控制巷道围岩变形。不同方案的锚杆间排距根据具体需要来确定。

（5）锚固剂及锚固长度

锚固剂采用中速树脂药卷，药卷直径为 23 mm。锚固长度：锚杆采用两条 Z2355 树脂锚固剂，锚索采用两条 Z2388 树脂锚固剂。

（6）预紧力

锚杆的最小预紧力为 40 kN；锚索预紧力为 80 kN，锚固力不低于 250 kN。

（7）托盘尺寸和强度

200 mm×200 mm×10 mm 拱型托盘，配合高强螺母、高强调心球垫以及尼龙 1010 减摩垫片，力学性能与锚杆杆体配套；锚索采用 350 mm×350 mm×16 mm 的托盘。

（8）表面控制

为了控制松散煤体的脱落，采用钢筋网作为表面控制的方式。钢筋网由 ϕ6.5 mm 钢筋焊制，网格为 ϕ100 mm×100 mm，网片规格为 ϕ2 000 mm×1 600 mm，网片搭接长度为 150 mm，每隔 300 mm 用 12$^\#$ 铁丝双股对角绑扎连接。

6.3.2 实体帮扩刷方案

具体实施对实体帮进行刷帮扩大巷道断面并加强支护，强化实体煤帮煤体承载能力，保证巷道宽度满足生产设备尺寸要求。一般而言，小煤柱中应力集中现象较为明显，受基本顶侧向破断结构产生的水平推力和垂直压力的影响而出现变形破坏，因此小煤柱帮支护不宜受到人为破坏，同时煤柱尺寸减小会弱化煤柱承载能力与整体效应，破坏围岩结构协调性；实体煤帮煤体为回采对象，回采时需提前拆除锚杆、锚索等支护，刷帮时拆除支护并在短时间内应用强化的支护形式不会对实体煤帮变形造成较大影响，而且，帮部扩刷的对象是边缘塑性破裂煤体。其承载能力低、持续变形量大，是巷道变形的重要来源之一。实体煤帮扩刷技术，是指刷去丧失承载能力的边缘煤体，对力学性能相对较好的煤体应用加强支护，使得实体煤帮变形得到有效限制，同时扩大巷道断面空间，从而有力维护巷道围岩结构的整体稳定性，满足设备尺寸要求。

具体扩刷方案：拆除实体煤帮现有支护，向内扩刷 1.0 m 的宽度，在新帮部及顶角施工锚杆配合单体锚索，扩大巷道尺寸并有效控制围岩变形。

巷道实体煤帮部每 2 排锚杆中间位置布置 1 套预应力锚索。锚索规格选用 ϕ21.8 mm×5 300 mm 的钢绞线。进行支护时，眼孔间距为 1.4 m，分别向顶带 30°、底 30°角施工；与帮锚索同一断面内，新悬露的顶板距帮 400 mm 处向顶带 30°角度施工 1 根限位锚索. 锚索规格仍为 ϕ21.8 mm×5 300 mm 的钢绞线。进行支护时，锚索外露长度不大于 300 mm。巷道实体煤帮扩刷后支护具体位置参数如图 6-8 所示。

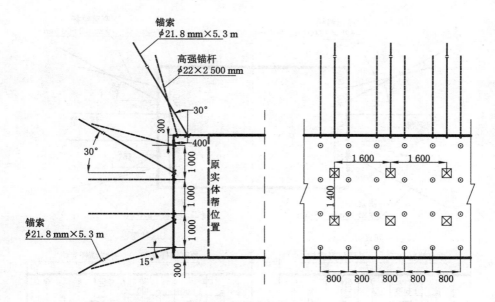

图 6-8 巷道实体煤帮扩刷后支护示意图

6.3.3 两帮补强方案

具体实施对小煤柱和实体帮等薄弱环节加强支护,促成支护围岩整体承载结构的形成或强化。一般而言,小煤柱变形破坏较为严重,是巷道失稳的诱发点,因此需要对小煤柱进行支护强化,使围岩结构协调均衡承载,增加支护与围岩之间的协调性。帮部大变形控制技术,即小煤柱采用锚索梁提高帮部的完整性和抗回转剪切能力,实体煤侧采用单体锚索,使得帮部大变形得到有效限制,从而对沿空巷道围岩的整体稳定性进行有效控制。

(1) 小煤柱帮锚索梁支护:每 2 排锚杆中间位置布置 1 套预应力锚索梁。钢绞线规格为 $\phi21.8$ mm×5 300 mm,锚索梁两根钢绞线分别穿过 2.0 m 长 20# 槽钢梁,眼孔间距为 1.6 m,分别向顶带 30°、底带 30°角施工。巷道帮部补强支护具体位置及参数如图 6-9 所示。锚索外露长度不大于 300 mm。

(2) 实体帮侧锚索:在巷道帮部施工单体锚索,有效控制围岩变形。巷道实体煤侧布置单体锚索。锚索规格选用 $\phi21.8$ mm×5 300 mm 的钢绞线。进行支护时,锚索外露长度不大于 300 mm。

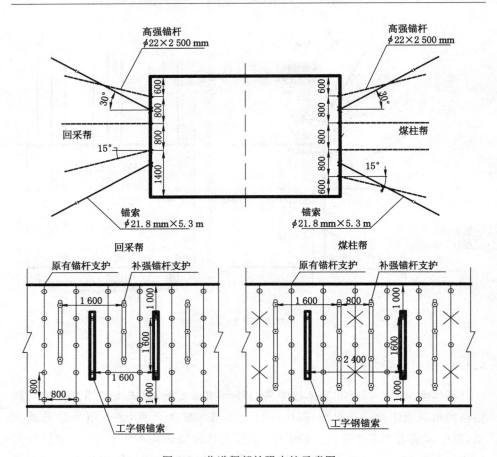

图 6-9　巷道帮部补强支护示意图

6.3.4　支护施工要求

6.3.4.1　锚杆施工

（1）布置锚杆孔时，一方面要按照设计的锚杆间排距和孔深进行施工，确保锚杆间排距误差控制在±50 mm、孔深不得超过设计深度的 50 mm；另一方面要保证锚杆孔尽量垂直于巷道轮廓线，底角锚杆要严格按设计角度安设。

（2）锚杆的安装按如下步骤进行：

①把树脂药卷和锚杆推入规定的孔位，利用锚杆和锚杆搅拌器通过锚杆钻机的上推力把树脂卷推入孔中直到锚杆托盘离顶板 10 mm 左右。注意：在上推树脂时尽量不要旋转，严禁把托盘压在顶板上。

②完成第①步后，迅速旋转锚杆搅拌 15～20 s（旋转搅拌时不要施加上推

力），然后顺势上推锚杆使托盘贴近顶板。

③ 停完成搅拌后停止 30～45 s（视树脂类型现场确定）让树脂充分凝固。

④ 套接"扭矩放大器"旋转搅拌上紧螺母。在紧螺母时应给最大扭矩而不要施加上推力以最大限度地上紧螺母。

⑤ 采用风动锚杆安装机进一步上紧螺母，使其达到规定的安装扭矩。

在锚杆安装过程中要严格按安装相关步骤操作，避免出现"长尾锚杆"或打不开阻尼现象，否则会大大影响锚杆支护效果甚至失效。

（3）铺设钢筋网时，要对称布置，保证钢筋网的两端紧贴岩面，并用锚杆托盘和螺母将钢筋网压紧。

（4）底角及底板锚杆孔用小钻头钻孔，如果排粉困难，可在小钻头钻进一段深度的基础上，改换麻花钻杆重新钻进排粉。

6.3.4.2　锚索施工

（1）严格控制锚索孔的排距、角度和深度，特别是锚索的孔深不得超过设计深度的 50 mm 及以上，并位于巷道拱部两排锚杆之间。

（2）树脂药卷必须按由快到慢的顺序装入，一方面要保证树脂在搅拌过程中的搅拌时间，另一方面不能使锚索未能送至眼底时，树脂就已凝固，达不到设计要求。由于锚索钻孔比较深，因此安装树脂药卷时更容易出现捅破药卷、堵塞钻孔等现象，围岩比较破碎的条件下尤为如此。为避免安装中出现问题，要求树脂药卷长度不能太大，而且包装结实、饱满。

（3）必须用钢胶线将树脂送至眼底后，再利用钻机带动钢胶线搅拌树脂。

6.3.5　端头及超前段的顶板控制

6.3.5.1　工作面端头及超前支护方式
端头支护如图 6-10 所示。

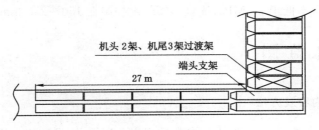

图 6-10　端头支护示意图

端头支护：采用 1 架 ZT2×3200/18/35 型号支架进行支护。支护长度为 7 m，支护阻力为 6 400 kN，支护最低高度为 1.8 m、最高高度为 3.5 m。

超前支护:采用 4 组 8 架超前支架支护。支架型号为 ZQ2×3200/18/35,支架宽度为 4.175 m,中心距为 2.8 m;支护总长为 27 m,初撑力为 15 MPa。

6.3.5.2 工作面上下端头及超前补强支护工艺

(1)工作面上端头超前架与工作面支架间隙宽度在 1.0~1.4 m 时,采用对梁迈步支护。对梁迈步采用 3.2 m 长的单体柱配合 4 m 的 π 梁"一梁三柱"支护。单体柱必须使用卡环、防倒链及穿柱鞋。对梁间距为 400 mm,迈步为 800 mm,每推进一个循环,一梁前移一次;当上端头架间宽超过 1.4~1.6 m 时,增加一根 π 梁与原来的对梁迈步支护一起加强支护。若工作面切巷变长,在顶板条件较好时,对上端头进行加架(加架时,需要另行编制安全技术措施)。

(2)工作面下端头 1# 过渡架与 2# 端头架间隙宽度在 1.0~1.4 m 时,其支护工艺与上端头支护工艺相同,必须确保转载过桥处安全出口畅通。若下端头悬顶面积变宽,当其宽度超过 1.4~1.6 m 时,增加一根 π 梁与原来的对梁迈步支护一起加强支护,π 梁间距为 400 mm;当其宽度超过 1.6 m 时,增加一组对梁迈步支护。

(3)两巷超前补强支护工艺如下:

① 正副巷超前支护区域压力大时,延长支护长度,采用单体柱加 π 梁进行支护(采用一梁两柱支护)。根据现场情况,π 梁垂直巷道或平行巷道进行支护,顶板不平整时,上方垫设板梁。

② 顶板出现网包时,需对网包进行处理,并重新铺设铁丝网。

③ 超前段顶板破碎严重时,采取注浆等措施(若需要注浆时,需要另行编制注浆安全技术措施)。

④ 顶板冒落时,用板梁进行构顶,同时在漏顶区域附近施工锁口锚索。锚索规格选用 $\phi21.8$ mm×8 300 mm 的钢绞线。进行支护时,每根锚索采用 2 条 Z2388 型树脂锚固剂进行锚固。配合 350 mm×350 mm×16 mm 的自制钢板进行张拉,预紧力不低于 25 MPa,锚索外露长度控制在 150~250 mm 之间。

6.4 矿压监测

6.4.1 监测内容及方法

为了观测支护效果,研究支护参数的现实合理性,需设置相应的监测站。

采用十字三角定位测量法,如图 6-11 所示。

图 6-11 中,粗实线为巷宽、巷高实测路线,呈十字交叉;粗虚线为煤柱帮及顶板位移测量路线,为直三角关系。图 6-11 中,W 代表巷道宽度,H_0 代表巷道

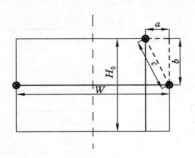

图 6-11　十字三角定位测量方法

高度,a 代表顶板测点至煤柱帮距离,b 代表煤柱帮测点至顶板距离,c 代表顶板测点至煤柱帮测点距离。

按一定的时间间隔,用测杆、卷尺等工具分别测量 W、H_0、a、b、c 等参数值。

6.4.2　测点布置

共设置 30 个测点。由于超前支架、破碎机等的遮挡,$1^\#$ 测点距工作面初始位置 6 m 布置,其余测点相对位置及对应胶带架号如表 6-4 所示。测点的布置方法如下:将煤柱帮上数第三根锚杆杆头作为行人侧测量基点,将实体煤帮上数第三根锚杆杆头作为运输侧测量基点,将顶板靠近煤柱帮第二根锚杆杆头作为顶板测量基点。在每个测点均用白色喷漆喷涂,并在测点附近位置标注测点编号。

表 6-4　　　　　　　　　各测点相对距离及对应胶带架号

测点编号	设点日期	胶带编号	距初始工作面距离/m
$1^\#$	12.12	$589^\#$	6
$15^\#$	12.13	$588^\#$	8
$2^\#$	12.12	$586^\#$	13
$4^\#$	12.12	$585^\#$	16
$3^\#$	12.12	$584^\#$	19
$13^\#$	12.13	$584^\#$	20
$14^\#$	12.13	$583^\#$	24
$5^\#$	12.12	$582^\#$	27
$6^\#$	12.12	$577^\#$	40
$7^\#$	12.12	$576^\#$	43

测点编号	设点日期	胶带编号	距初始工作面距离/m
8#	12.12	575#	47
9#	12.12	574#	50
10#	12.12	568#	67
16#	12.13	568#	68
11#	12.12	566#	72
17#	12.13	566#	73
12#	12.12	564#	78
18#	12.13	563#	83
19#	12.13	559#	95
王#	12.12	557#	101
20#	12.13	554#	110
21#	12.13	551#	119
22#	12.13	549#	125
23#	12.13	546#	134
24#	12.13	542#	146
25#	12.14	539#	155
26#	12.14	536#	164
27#	12.14	532#	176
28#	12.14	529#	185
29#	12.14	525#	197

按照高频度密集观测的原则及实际生产中生产组织安排,观测频度为 1 天 1 次,观测时间为每天早班的 9:00~11:00。

测点的观测顺序为"由内而外",即先观测距工作面近的测点,后观测离工作面位置较远的测点,保证每个测点被观测的时间间隔一致。

6.5　观测数据及分析

6.5.1　两帮收敛观测分析

根据 2013 年 12 月 12 日至 2014 年 1 月 2 日在 10-704 沿空巷道的连续 22

天井下实测数据分析,得到如下总结:① 工作面推进速度慢(每天 2 刀或更少),超前影响距离为 70~80 m。② 工作面推进速度快(每天 4~9 刀),超前影响距离为 30 m 左右。

(1) 超前采动影响距离分析

由图 6-12 至图 6-14 可以看出,在工作面采动支承压力的影响下,当工作面推进速度慢(每天 2 刀或更少)时,工作面附近两帮移近速度平均为 250 mm/d,超前影响距离为 70~80 m,当工作面推进速度快(每天 4~9 刀)时,工作面附近两帮移近速度平均为 190 mm/d,超前影响距离为 30 m 左右。

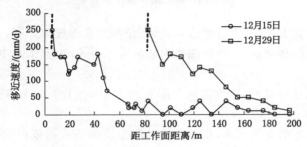

图 6-12　工作面推进速度慢时两帮移近速度变化规律

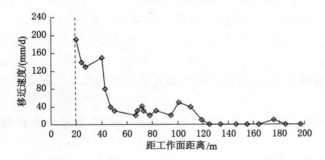

图 6-13　工作面推进速度快时两帮移近速度变化规律

因为在工作面不断推进过程中,超前支承压力也不断前移,当推进速度放缓时,超前支承压力向深部移动也随之变缓,煤壁则会受到超前支承压力的反复作用,处于峰后压碎状态的煤体则会在残余应力的作用下随着时间的延长,其变形不断增大。

超前支承压力作用下,回采帮的变形速度大于小煤柱帮的变形速度;由于小煤柱前期已发生塑性破坏,本工作面向前推进时,超前支承压力大部分作用在工作面的回采帮侧,导致回采帮的变形速度大于小煤柱帮的变形速度。

(2) 两帮移近量实测数据与分析

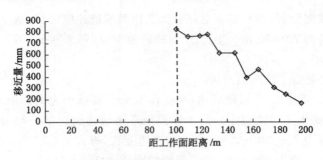

图 6-14 巷道两帮累计移近量

① 没有强化支护前,而且推进速度慢,帮部大变形规律如下:

a. 小煤柱帮移动量:工作面端头附近的为 1.0 m,距工作面 30 m 位置的为 0.6 m;

b. 回采侧帮移动量:工作面端头附近的为 1.0～1.4 m,距工作面 30 m 位置的为 0.8 m;

c. 根据其变形规律推算,受超前采动压力影响造成的累积变形量为 1.8～2.3 m;

d. 需要刷帮,以满足端头巷道断面要求。

② 强化支护后,推进速度快,帮部变形规律如下:

a. 小煤柱帮移动量:工作面端头附近的为 0.5～0.8 m,距工作面 30 m 位置的为 0.3 m;

b. 回采侧帮移动量:工作面端头附近的为 0.3～0.6 m,距工作面 30 m 位置的为 0.2 m;

c. 根据其变形规律推算,受超前采动压力影响造成的累积变形量将达到 0.8～1.4 m。

（3）施工建议对策

当未受采动影响的巷道断面宽度大于 4.7 m 时,采用二次加强支护,可以使得超前采动影响造成的累积变形减小至 0.5～0.8 m,巷道宽度为 3.9～4.1 m 能够满足使用要求。

6.5.2 煤柱帮鼓出观测分析

煤柱帮鼓出量变化规律如图 6-15 所示。

6.5.3 底鼓与顶板下沉观测分析

底鼓与顶板下沉观测结果如图 6-16 至图 6-18 所示。

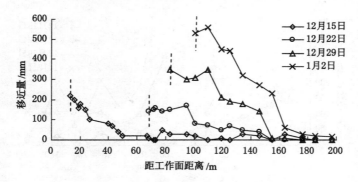

图 6-15　煤柱鼓出量变化规律

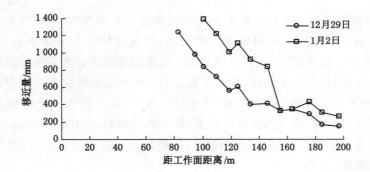

图 6-16　顶底板相对移近量变化规律

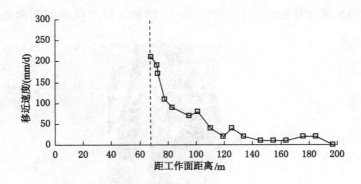

图 6-17　顶底板移近速度变化规律

顶板下沉量为：小煤柱侧顶板下沉 0.5 m，回采帮侧下沉 0.3 m；底鼓量为：底板臌起高度 0.8 m；顶底板平均移近量为 1.2 m。

根据工作面现场卧底施工揭露围岩破坏情况分析，现起底总厚度约为 1.5

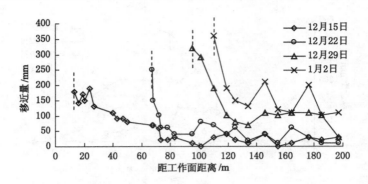

图 6-18　顶板下沉量变化规律

m,巷道净高度达到 3.8 m。其中开挖的底板煤层上部分 0.4～0.8 m 范围内,煤层比较破碎,块度小,不用风镐即可起底;底板煤层下部分 1.0 m 左右范围内,煤层完整性较好,块度大,有一定强度,需要用风镐破碎才能完成起底。

施工对策:根据以上分析,制订工作面端头分次起底的方案。该方案具体内容为:超前工作面 50 m 一次卧底,减小破底厚度,防止过大的卧底深度破坏底板横向支撑梁结构,造成两帮内移大变形;二次局部卧底,在胶带机端头前部,巷道高度达 3.8 m 处,并及时清理洒落浮煤,防止累积后垫高刮板机,满足端头支架的控制高度。

6.5.4　实体帮锚杆工作阻力观测

观测用的液压枕安装示意图如图 6-19 所示。液压枕观测到的数据统计后列入表 6-5 中。

图 6-19　液压枕安装示意图

表 6-5		液压枕观测数据			
编号	1#	2#	3#	4#	5#
12 月 16 日	4	4			
12 月 17 日	6	4	4		
12 月 18 日	9	4	5		
12 月 19 日	11	5	6	3	5
12 月 20 日	11	5.5	5.7	3.7	6
12 月 21 日	12	6	5.2	4.3	7.7
12 月 22 日	11	7.6	5.8	6.3	9
12 月 23 日	11.8	7	6.3	7.2	10.7
12 月 24 日	12.2	7.5	6.4	8	11.3
12 月 25 日	13	6	5.5	8.5	11.7
12 月 26 日	14	4	4	9	12
12 月 27 日	14	2.2	4	9.7	12
12 月 28 日	14.3	2	4	9.7	12
12 月 29 日	15	2	4	9.8	12

1#～5# 锚杆工作状态如图 6-20 所示。

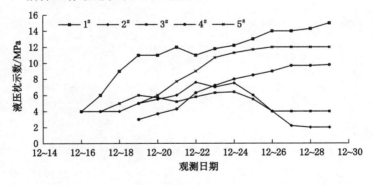

图 6-20　锚杆工作状态

由表 6-5 和图 6-20 可知,回采期间在工作面前方 20～40 m 范围内,对两帮锚杆受力的影响范围较大,实体煤帮锚杆载荷小于沿空帮锚杆载荷,实体煤帮液压枕的示数峰值为 14 MPa 左右,换算得出锚杆的最大载荷为 100 kN 左右。在回采期间未发生帮锚杆破断现象。锚杆在安装 7 d 内其承载接近最大值,这表明:锚杆及时承载,与围岩固结很好;锚杆黏结力大,刚度和支护强度都较大,可以很好控制围岩变形,提高煤层与围岩整体性,控制效果很好。

6.6 本章小结

庞庞塔煤矿 10-704 工作面正巷的沿空巷道围岩稳定性控制工程实践中,在支护设计方案方面应用了前述章节提出的基于中性面的全塑性小煤柱控制技术、煤帮锚杆强化技术及底板锚杆限制技术等研究成果。现场观测数据表明,作者提出的沿空巷道围岩结构稳定性控制技术体系具有良好的适应性。

第7章　结　　论

　　以庞庞塔煤矿沿空掘巷工程实践为背景,进行两次采动对沿空巷道围岩稳定性影响机理及强化控制技术研究。运用相关理论对一次采动基本顶破断结构对掘巷区域煤体的应力环境扰动及二次采动基本顶预破裂二次破断对采动影响剧烈区沿空巷道围岩应力扰动的演化过程,揭示沿空巷道围岩变形破坏的机理,提出沿空巷道围岩大变形的强化控制技术,并通过数值计算和物理实验对理论分析的结果进行验证。研究成果在工业性试验中的应用取得成功。所取得的主要结论如下:

　　(1)综放工作面一次采动时侧向基本顶"三铰拱"结构在破断块体铰接点处产生极大的水平推力,对侧向煤体应力扰动剧烈。本工作面煤柱上方、破断基本顶铰接区域及工作面内部等位置超前支承压力影响距离及应力集中系数等方面存在差异,其中煤柱上方应力分布受侧向基本顶两次破断结构影响,并且在不同煤柱尺寸条件下其影响主导地位不同。

　　(2)揭示了本工作面基本顶侧向破断形式与煤柱尺寸之间的关系:大煤柱时,上工作面三铰拱结构对本工作面基本顶破断不产生影响,煤柱两侧岩层移动范围对称;随煤柱尺寸减小,基本顶发生受限的铰接梁式破断,岩块回转对顶板产生活化作用,上工作面侧岩层移动向采空区范围由 30 m 发展至 32 m;煤柱尺寸较小时,基本顶由"固支梁"破断变为"铰支梁"破断,破断岩块长度较大并在一定条件下发生二次破断,上工作面侧岩层发生二次移动范围增至 36 m。因此,随煤柱尺寸增加,巷道围岩变形由煤体强度主导向采动应力主导转变。

　　(3)根据小煤柱受力特征和变形规律,研究了它的变形失稳机理。煤柱承受一次采动基本顶破断岩块水平推力和顶板垂直压力作用,表现为压剪型变形,两侧变形空间的不对称导致煤柱底部偏巷道侧出现应力集中,煤柱迅速塑性破坏,进入峰后承载状态,增加煤柱尺寸可提高其承载能力。根据小煤柱变形特性,提出了中性面的概念。它是煤柱两侧不同变形方向区域的界线,其位置表征了煤柱受顶压的特征,其宽度表征了煤柱内部的应力状态。

　　(4)研究了沿空巷道底板多阶段渐次变形过程及破坏机理。掘巷时边缘煤体的"给定载荷"和"给定变形"使得巷道实体帮侧底板的压力显现明显大于煤柱帮侧的压力显现,形成偏向性位移分布特征;本工作面采动加大了巷道两帮应力非对称分布的程度,新的"给定载荷"和"给定载荷"形成的双滑移场呈层状分布,底板表面位移逐渐趋近于对称分布。底板所承受的上部载荷与煤体的强度有直接关系。随煤层强度的提高,巷道底鼓量随帮部煤体表面水平位移的减小而显著增加。

(5)提高小煤柱的稳定性是沿空巷道围岩控制的关键。提出了基于中性面的全塑性小煤柱控制技术。合理的锚杆支护强度可以显著增大煤柱内中性面极限承载区的宽度与承载能力,实现全塑性区小煤柱稳定性控制。该技术为小煤柱的支护设计提供了科学依据。

(6)针对小煤柱沿空巷道底板变形特征,提出了底鼓治理技术:在巷道底角施加锚杆支护,一方面通过锚杆预紧力将不同岩层组合在一起,提高岩梁两端的抗弯强度;另一方面在岩体内形成锚固区,调动深部围岩的强度和稳定性,限制浅部软弱围岩破裂滑移,提高锚固区岩层层面抵抗剪切滑移的能力,削弱煤柱侧向变形水平剪切力的影响。

(7)在庞庞塔煤矿 10-704 工作面正巷展开了工业性试验,沿空巷道围岩受采动影响剧烈变形段采用了扩刷和卧底方案、未受采动影响段采用了两帮加固方案。现场观测数据表明,沿空巷道的围岩变形得到了有效控制,巷道断面满足设备正常运转要求。

参 考 文 献

[1] 高明仕.综放沿空掘巷窄煤柱合理宽度的确定[J].矿山压力与顶板管理,2004(3):4-7.

[2] 石平五,许少东,陈治中.综放沿空掘巷矿压显现规律研究[J].矿山压力与顶板管理,2004(1):31-33.

[3] 管学茂,鲁需,翟路锁等.综放面沿空掘巷矿压显现规律研究明[J].矿山压力与顶板管理,2001(1):30-33.

[4] Ashby, M. F and S. D. Hallam. The failure of brittle solids containing small cracks under compressive stress states[J]. ActaMetal, Vol. 34, No. 3, 1986:487-510.

[5] ZhaO, J. Joint Surface Matching and Shear Strength. Part A: Joint Matching Coefficient (JMC) [J]. Ini. J . Rock Mech. Min. Sci. & Geomech. Abstr. Vo.134, No.2, 1997:173-178.

[6] 孟金锁.综放开采沿空掘巷分析[J].煤炭科学技术,1998,26(11):21-23.

[7] 张玉军.综放采场覆岩破坏特征的 FLAC3D 数值模拟研究[A].北京开采所研究生论文集《采矿工程学新论》[C].北京:煤炭工业出版社,2005:304-309.

[8] 刘明,李振武,张恒.孤岛工作面沿空掘巷护巷煤柱大小探讨[J].山东煤炭科技,2005(2):49-50.

[9] 钱鸣高,石平五.矿山压力与岩层控制[M].徐州:中国矿业大学出版社,2003.

[10] 钱鸣高.采场上覆岩层岩体结构模型及其应用[J].中国矿业大学学报,1982(2):1-11.

[11] Qian Minggao. A study of the behavior of overlying strata in long wall mining and its application to strata control[M]. Strata Mechanics, Elsevier Scientific Publishing Company, 1982:13-17.

[12] 钱鸣高,李鸿昌.采场上覆岩层活动规律及其对矿山压力的影响[J].

煤炭学报,1982(2):1-12.

[13] Qian Minggao, He fulian. The Behaviour of the Main Roof in Long-wall Mining Weighting Span, Fracture and Disturbance[J]. Journal of Mines, Metals and Fuels,1989:240-246.

[14] 钱鸣高,缪协兴,何富连.采场"砌体梁"结构的关键块分析[J].煤炭学报,1994,19(6):557-563.

[15] 钱鸣高,缪协兴.采场上覆岩层结构的形态与受力分析[J].岩石力学与工程学报,1995,14(2):97-106.

[16] M. G. Qian. F. L. He, X. X. Miao. The System of Strata Control around Longwall Face in China[G]. Mining Science and Technology. Published by A. A. Balkema,1996:15-18.

[17] 钱鸣高,缪协兴.岩层控制中关键层的理论研究[J].煤炭学报,1996,21(3):225-230.

[18] 茅献彪,缪协兴,钱鸣高.采动覆岩中关键层的破断规律研究[J].中国矿业大学学报,1998,27(1):39-42.

[19] 钱鸣高.茅献彪,缪协兴.采场覆岩中关键层上载荷的变化规律[J].煤炭学报,1998,23(2):135-230.

[20] 钱鸣高,许家林.覆岩采动裂隙分布的"O"形圈特征研究[J].煤炭学报,1998,23(5):466-489.

[21] 钱鸣高,许家林,缪协兴.煤矿绿色开采技术[J].中国矿业大学学报,2003,32(4):343-348.

[22] 钱鸣高.砌体梁的"S-R"稳定及其应用[J].矿山压力与顶板管理,1994(3):6-10.

[23] 钱鸣高,何富连,王作棠,等.再论采场矿山压力理论[J].中国矿业大学学报,1994,23(3):1-12.

[24] 朱德仁.长壁工作面基本顶的破断规律及其应用[D].徐州:中国矿业大学,1987.

[25] 陆士良.无煤柱区段巷道的矿压显现及适用性研究[J].中国矿业学院学报,1980(4):1-22.

[26] 陆士良.无煤柱巷道的矿压显现与受力分析[J].煤炭学报,1981(4):29-37.

[27] 刘长友,等.缓倾斜特厚煤层综放工作面两侧煤体的位移规律[J].矿山压力与顶板管理,1997(3):13-17.

[28] 管学茂,张义顺,张长根,等.综放面沿空掘巷正业性试验研究[J].煤

矿设计,1998(8):150-152.

[29] 翟明华,王云海,张顶立,等.综放回采巷道锚网支护的模拟研究[J].矿山压力与顶板管理,1998(2):49-51.

[30] 何廷峻.工作面端头悬顶在沿空巷道中破断位置的预测[J].煤炭学报,2000,25(1):28-31.

[31] 孙恒虎,宋存义.高水速凝材科及其应用[M].徐州:中国矿业大学出版社,1994.

[32] 王卫军,侯朝炯,柏建彪等.综放沿空巷道顶煤受力变形分析[J].岩土工程学报,2001,23(2):209-211.

[33] 李学华.综放沿空掘巷围岩大小结构稳定性的研究[D].徐州:中国矿业大学,2000.

[34] 侯朝炯,李学华.综放沿空掘巷围岩大、小结构的稳定性原理[J].煤炭学报,2001,26(1):1-7.

[35] 柏建彪.综放沿空掘巷围岩稳定性原理及控制技术研究[D].徐州:中国矿业大学,2002.

[36] 张东升.综放大断面沿空留巷技术[D].徐州:中国矿业大学,2001.

[37] 张东升,毛献彪,马文顶.综放沿空留巷围岩变形特征的试验研究[J].岩石力学与工程学报,2002,21(3):331-334.

[38] 张东升,马立强,冯光明,等.综放巷内充填原位沿空留巷技术[J].岩石力学与工程学报,2005,24(7):1164-1168.

[39] 陆士良.无煤柱区段巷道的矿压显现及适用性的研究[J].中国矿业学院学报,1980(4):1-21.

[40] 丁焜.我国无煤柱开采的发展与展望(上)[J].煤矿设计,1984(3):11-16.

[41] 吴健.巷旁支护载荷和变形设计[J].矿山压力,1986(2):2-12.

[42] 陆士良.厚煤层无煤柱护巷的效益[J].中国矿业学院学报,1982(1):32-46.

[43] 孙恒虎.沿空留巷的矿压规律及岩层控制[J].煤炭学报,1992(1):15-24.

[44] Qi Taiyue, Ma Nianjie. Requirement of Fluidity of High Water Content Materials for the Getway-side Backfilling Technique[J]. Journal of China University of Mining & Technology,1996(2):81-90.

[45] 靖洪文.深井巷道围岩松动圈预分类研究[J].中国矿业大学学报,1996(2):45-49.

[46] 王卫军. 沿空掘巷实体煤帮应力分布与围岩损伤关系分析[J]. 岩石力学与工程学报,2002,21(11):98.

[47] 林登阁. 跨采软岩巷道锚注支护试验研究[J]. 岩土力学,2002,23(2):238-241.

[48] 高明中. 软岩动压巷道-三锚-支护参数的正交优化设计[J]. 安徽理工大学学报(自然科学版),2005,25(4):16-21.

[49] 惠功领,牛双建,靖洪文,等. 动压沿空巷道围岩变形演化规律的物理模拟[J]. 采矿与安全工程学报,2010,27(1):77-82.

[50] 康红普. 软巷岩道和硐室的底鼓机理及卸压技术的研究[D]. 徐州:中国矿业大学,1993.

[51] 李学华,黄志增,杨宏敏,等. 高应力硐室底鼓控制的应力转移技术[J]. 中国矿业大学学报,2006,35(3):296-300.

[52] Peng S. S. Coal Mine Ground Control 2nd ed[M]. John wiley & sons, Inc. New York,1986.

[53] Wilson A H, Ashwin D P Research into the determination of pillar size[J]. The mining Engineer,1972(131):409-417.

[54] Luo X, Hatherly P. Application of microseismic monitoring to characterize geomechnic conditions in longwall mining[J]. ExPloration-GeoPhysics,1998(29):489-49.

[55] Kastner H. Osterreich Bauzeitischrift[R]. 1947,10(11):111-116.

[56] Brown E T. Putting the NATM into Perspective[J]. Tunnels and Tunnelling, Special Issue,1990.

[57] Barton. Nick, Grimstad, Eystein. Rock mass conditions dictate choice between NMT and NATM[J]. Tunnels and Tunnelling,1994(10):39-42.

[58] N. A. 尤尔钦科. 用能量理论计算锚杆支架参数[C]. 煤矿掘进技术译文集——锚杆支护. 北京:煤炭工业出版社,1976.

[59] A. π. 希罗科夫(苏). 锚杆支护册[M]. 北京:煤炭业出版社,1992.

[60] Fine J. 有限元法在岩石力学中的应用[M]. 辛洪波译. 北京:冶金工业出版社,1979.

[61] Hoek E, Grabinsky M W, Diederich M S. Numerical modeling for underground excavation[J]. Inst Min & Metal,1991(8):10-16.

[62] Diering J A C, Laubscher D H. Practical approach to the numerical stress mining operation[J]. Inst Min & Metal,1987,14(1):17-21.

[63] Karanagh K，Clough R W. Finite element application in the charac-
terization of elastic solids[J]. Int J Solids Structure，1971(7)：23-25.

[64] 蔡美峰，吴文德，赵国堂. 数值方法与人工智能在岩土工程中的应用
[M]. 北京：中国矿业大学出版社，1994.

[65] 于学馥，乔端. 轴变论和围岩稳定轴比三规律[J]. 有色金属，1981.
(4)：9-14.

[66] 于学馥，于加，徐俊. 岩石力学新概念与开挖结构优化设计[M]. 北京：
科学出版社，1993.

[67] 于学馥，于加，徐俊，等. 岩石记忆与开挖理论[M]. 北京：冶金工业出
版社，1993.

[68] 冯豫. 我国软岩巷道支护的研究[J]. 矿山压力与顶板管理，1990(2)：
1-5.

[69] 陆家梁. 软岩巷道支护原则及支护方法[J]. 软岩工程，1990(3)：
20-24.

[70] 郑雨天. 关于软岩巷道地压与支护的基本观点[J]. 软岩巷道掘进与支
护论文集，1985(5)：31-35.

[71] 朱效嘉. 锚杆支户理论进展[J]. 光爆锚喷，1996(3)：1-4.

[72] 董方庭. 巷道围岩松动圈支护理论[J]. 锚杆支护，1997(1)：5-9.

[73] 宋宏伟，郭志宏，等. 围岩松动圈巷道支护理论的基本观点[J]. 建井技
术. 1991(3)：12-15.

[74] 董方庭，等. 巷道围岩松动圈支护理论及其应用技术[M]. 北京：煤炭
工业出版社，2001.

[75] 方祖烈. 拉压域特征及主次承载区的维护理论[M]. 世纪之交软岩工
程技术现状与展望. 北京：煤炭工业出版社，1999.

[76] 何满潮. 软岩工程岩体力学理论研究最新进展[J]. 长春科技大学学
报，2001,31(增刊)：8-17.

[77] 何满潮，景海河，孙晓明. 软岩工程地质力学研究进展.[J]工程地质学
报，2000,8(1)：46-62.

[78] 何满潮. 煤矿软岩工程技术现状及展望[C]. 中国科协第六次"青年科
学家论坛"论文集《地下钻掘采工程不稳定理论控制技术》. 高德利，张
玉卓，王家祥主编. 北京：中国科学技术出版社，1999.

[79] 何满潮，等. 调动深部围岩强度——21世纪软岩巷道支护新方向[C].
岩石力学与工程学会第六次学术大会论文集《新世纪岩石力学与工程
的开拓和发展》，2000：55-58.

[80] He Manchao，Chen Yijin，Zheng sheng. New theory on tunnel control within weak rock[C]. Proceedings of the 7th International Congress International Association of Engineering Geology. Rotlerdam A A Balkema Press,1994:4173-4180.

[81] He Manchao. Constitutive relationship for plastic dilatancy due to weak intercalations in rockmasses[J]. Proceedings of the 26th Annual Conference of the Engineering Group of the Geological Society. Rotlerdam A A Balkema Press,1993:243-249.

[82] He Manchao. Current Condition for Mechanics of Softrock in China [J]. Rock Engineering. The Korea Institute of Mining Energy Press,1996:425-433.

[83] 何满潮. 软岩巷道稳定性分析新理论[C]. 第二届公路隧道学术会议论文集,中国公路隧道工程学会出版,1993:23-27.

[84] 陈宗基. 中国土力学岩体力学中若干重要问题的看法[C]. 土木工程学报,1963,9(5):24-30.

[85] 陈宗基. 地下巷道长期稳定性的力学问题[J]. 岩石力学与工程学报,1982,2(1):1-19.

[86] 陈炎光,陆士良. 中国煤矿巷道围岩控制[M]. 徐州:中国矿业大学出版社,1994.

[87] 周宏伟. 我国无煤柱护巷技术的应用[J]. 矿山压力与顶板管理,1993(3):40.

[88] 贾光胜,康立军. 综放开采采准巷道护巷煤柱稳定性研究[J]. 煤炭学报,2002(1):6-10.

[89] 王卫军,侯朝炯. 回采巷道煤柱与底板稳定性分析[J]. 岩土力学,2003,3(1):75-78.

[90] 王卫军,冯涛,侯朝炯,等. 沿空掘巷实体煤帮应力分布与围岩损伤关系分析[J]. 岩石力学与工程学报,2002(11):1591-1593.

[91] 谭云亮,刘传孝. 巷道围岩稳定性预测与控制[M]. 徐州:中国矿业大学出版社,1999.

[92] 马念杰,侯朝炯. 采准巷道矿压理论及应用[M]. 北京:煤炭工业出版社,1995.

[93] 高明中. 放顶煤开采沿空掘巷矿压显现特征模拟分析[J]. 西安科技学院学报,2002(4):375-377.

[94] 王卫军,侯朝炯,李学华. 基本顶给定变形下综放沿空掘巷合理定位分

析[J].湘潭矿业学院学报,2001(2):10-13.

[95] 王卫军,侯朝炯.综放沿空巷道底板受力变形分析及底鼓力学原理[J],岩土力学,2001(3):319-322.

[96] 杨永杰,谭云亮.回采巷道采动影响变形量与护巷煤柱宽度之间关系的研究[J].江苏煤炭,1995(3):9-10.

[97] 侯朝炯,郭宏亮.我国煤巷锚杆支护技术的发展方向[J].煤炭学报,1996(2):137-142.

[98] Stillborg Bengt. Professional users handbook for rock bolting[J]. Trans Tech Publications,1994.

[99] 何满潮.中国煤矿软岩巷道支护理论与实践[M].徐州:中国矿业大学出版社,1996.

[100] 康红普,朱泽虎等.综采作面过上山原位留巷技术研究[J].煤炭学报,2002,27(5):60-65.

[101] Hou zhaojlong, Heynana, ZhangYidong. Key Technique to Compositely Supporting the Roadway Driven along Previous Goaf with Bolts[J]. Bara and China Meshes under Complex Condition. Journal of Coal Science and Engineering(China),1995(1):1110-1117.

[102] 华安增,孔园波,李世平.岩块降压破碎的能量分析[J].煤炭学报,1995,20(4):389-392.

[103] 康红普,王金华,林健.高预应力强力支护系统及其在深部巷道中的应用[J].煤炭学报,2007,32(12):1233-1238.

[104] Unver, B. Effect of residual tectonic stresses on roadway stability in an underground coal mine [J].Journal of The South African Institute of Mining and Metallurgy,1999,99(3):167-172.

[105] 侯朝炯,勾攀峰.巷道锚杆支护围岩强度强化机理研究[J].岩石力学与工程学报,2000,19(3):342-345.

[106] 张农,高明仕.煤巷高强预应力锚杆支护技术与应用[J].中国矿业大学学报,2004,33(5):524-527.

[107] 柏建彪,侯朝炯,等.复合顶板极软煤层巷道锚杆支护技术研究[J].岩石力学与工程学报,2001,20(1):53-56.

[108] 吴拥政.锚杆杆体的受力状态及支护作用研究[D].北京:煤炭科学研究总院,2009.

[109] 褚晓威.小孔径预应力锚索预应力损失机理及试验研究[D].北京:煤炭科学研究总院,2010.

[110] 吴建星.锚杆托板的合理结构与支护效果研究[D].北京:煤炭科学研究总院,2009.

[111] 崔千里.树脂锚杆锚固性能及影响因素研究[D].北京:煤炭科学研究总院,2010.

[112] 胡滨.全长预应力锚杆树脂锚固剂力学性能研究[D].北京:煤炭科学研究总院,2011.

[113] 孙志勇.锚杆支护金属网力学性能与支护效果研究[D].北京:煤炭科学研究总院,2011.

[114] 程蓬.锚杆螺纹力学性能研究[D].北京:煤炭科学研究总院,2011.

[115] 李建波.钢带的力学性能与支护效果研究[D].北京:煤炭科学研究总院,2008.

[116] 康红普,吴建星.锚杆托板的力学性能与支护效果分析[J].煤炭学报,2012,37(1):8-16.

[117] 康红普,吴拥政,李建波.锚杆支护组合构件的力学性能与支护效果分析[J].煤炭学报,2011(4):107-109.

[118] 康红普,吴拥政,褚晓威,等.小孔径锚索预应力损失影响因素的试验研究[J].煤炭学报,2010,36(8):1245-1251.

[119] 康红普.煤矿预应力锚杆支护技术的发展与应力[J].煤矿开采,2011,16(3):25-30,131.

[120] 邸全康,周玉丽,程四华,等.600MPa级煤巷支护锚杆钢的开发与质量控制[J].煤炭科学技术,2011,39(9):76-80.

[121] G Grasselli. 3D Behaviour of bolted rock joints:experimental and numerical study[J]. International Journal of Rock Mechanics and Mining Sciences,2005,42(1):13-24.

[122] M Moosavi, R Grayeli. A model for cable bolt-rock mass interaction:Integration with discontinuous deformation analysis (DDA) algorithm[J]. Int J Rock Mech Min Sci, 2006,42(4):661-670.

[123] S H Kim, S Pelizza, J S Kim. A study of strength parameters in the reinforced ground by rock bolts[J]. Tunnelling and Underground Space Technology, 2006, 21(3-4):378-379.